Wilhelm Klein,
Werner Grabler
Dr. Helmut Tischner

Sachkundig im Pflanzenschutz

Arbeitshilfe zum Erlangen
des Sachkundenachweises
im Pflanzenschutz

plus Prüfungsfragen mit Antworten

14., neu bearbeitete Auflage

30 Schwarzweißzeichnungen
11 Tabellen

Ulmer

Inhaltsverzeichnis

Vorwort

Ziel des Pflanzenschutzes ist es, insbesondere Kulturpflanzen und Pflanzenerzeugnisse vor Schadorganismen und nichtparasitären Beeinträchtigungen zu schützen, Ertragsverluste abzuwehren und die Qualität der Ernteprodukte zu sichern.
Mit dem Pflanzenschutz-Gesetz vom 6. Februar 2012 wird in Deutschland den Erfordernissen einer EU-weiten Harmonisierung des Pflanzenschutzrechtes entsprochen. Das Gesetz dient Anwendern, Verbrauchern und der Umwelt gleichermaßen und soll Gefahren abwenden, die durch die Anwendung von Pflanzenschutzmitteln für die Gesundheit von Mensch und Tier und den Naturhaushalt entstehen können.
Das Gesetz verlangt für den Umgang mit Pflanzenschutzmitteln persönliche Zuverlässigkeit, Kenntnisse und Fertigkeiten, um seitens des Anwenders und des Beraters die gute fachliche Praxis, seitens des Verkäufers die sachgerechte Unterrichtung des Erwerbers für die Anwendung von Pflanzenschutzmitteln zu gewährleisten (Sachkunde).
Das vorliegende Buch ist als Arbeitshilfe zur Erlangung der Sachkunde im Pflanzenschutz gedacht. Es enthält den Lernstoff für den Pflanzenschutz-Sachkundenachweis für Anwender und Verkäufer von Pflanzenschutzmitteln sowie für Pflanzenschutzberater. Dabei steht nicht die Vermittlung produktionstechnischen Detailwissens im Vordergrund. Vielmehr geht es darum, die hohe Verantwortung des Anwenders von Pflanzenschutzmitteln zu verdeutlichen.
Die Abfassung des Textes erfolgte nicht vorrangig unter wissenschaftlichen oder juristischen Aspekten, sondern im Hinblick auf eine für den Praktiker verständliche Ausdrucksweise.
In der Beilage sind Beispiele möglicher Fragen für die Sachkundeprüfung enthalten, deren richtige Beantwortung mit dem Textteil dieses Buches möglich ist. Zur Kontrolle des eigenen Wissens und des Lernerfolges sind die richtigen Antworten in Form eines Lösungsschlüssels am Schluss des Buches angegeben.
Mit der Neufassung der Pflanzenschutz-Sachkunde-Verordnung erfolgte eine Anpassung an das neue Pflanzenschutz-Gesetz.
Dieses Buch zielt in erster Linie ab auf die Zielgruppe Landwirte, Gärtner, Forstwirte und Verkäufer von Pflanzenschutzmitteln. Zu wünschen ist, dass es darüber hinaus als übersichtliches Nachschlagewerk weitere Interessenten findet und damit zur Versachlichung der Diskussion über den modernen Pflanzenschutz beitragen kann.

Die Autoren

1 Sachkundig im Pflanzenschutz

Der Mangel an Arbeitskräften, steigende Lohnkosten sowie die hohen Anforderungen des Verbrauchers und des Marktes an die Qualität pflanzlicher Produkte für die Ernährung von Mensch und Tier und als Rohstoffe verlangen eine ausgefeilte Produktionstechnik, die auf chemische Pflanzenschutzmaßnahmen nicht verzichten kann.
Die Anwendung chemischer Pflanzenschutzmittel kann aber – besonders bei einseitigem oder unsachgemäßem Einsatz – auch negative Auswirkungen haben, so z. B.

- die Möglichkeit der Umweltbelastung (Boden, Wasser, Luft),
- das Problem unzulässsiger Rückstände auf oder in den Ernteprodukten,
- die Zunahme resistenter Schädlinge, Krankheiten oder Unkräuter, gegen die die bisher eingesetzten Pflanzenschutzmittel wirkungslos werden oder
- die schnellere Aufeinanderfolge der Massenvermehrung von Schadorganismen durch Ausschaltung natürlicher Gegenspieler.

Solche möglichen Auswirkungen geben Anlass dazu, sich mit der Anwendung und der Abgabe von Pflanzenschutzmitteln kritisch auseinander zu setzen.
Aus dieser Erkenntnis heraus fordert der Gesetzgeber die Sachkunde von Anwendern, Beratern und Vertreibern von Pflanzenschutzmitteln. Der genannte Personenkreis darf seine jeweilige Tätigkeit nur aufnehmen, wenn er über einen Sachkundenachweis verfügt.
Rechtliche Grundlagen für die Sachkunde im Pflanzenschutz sind das **Gesetz zum Schutz der Kulturpflanzen (Pflanzenschutzgesetz)** und die **Pflanzenschutz-Sachkundeverordnung** in der jeweils geltenden Fassung.
In § 9 des Pflanzenschutzgesetzes sind die persönlichen Anforderungen für Anwender und Vertreiber von Pflanzenschutzmitteln sowie für Pflanzenschutzberater beschrieben.

1.1 Persönliche Anforderungen

Eine Person darf nur

1. Pflanzenschutzmittel anwenden,
2. über den Pflanzenschutz beraten,
3. Personen beaufsichtigen und anleiten, die Pflanzenschutzmittel im Rahmen eines Ausbildungsverhältnisses oder einer Hilfstätigkeit anwenden,
4. Pflanzenschutzmittel gewerbsmäßig in den Verkehr bringen oder
5. Pflanzenschutzmittel über das Internet auch außerhalb gewerbsmäßiger Tätigkeiten in den Verkehr bringen,

wenn sie über einen von der zuständigen Behörde ausgestellten **Sachkundenachweis** verfügt.
Die zuständige Behörde stellt auf Antrag den Sachkundenachweis aus, wenn der Antragsteller die dafür erforderliche Zuverlässigkeit besitzt und nachweist, dass er

die erforderlichen fachlichen Kenntnisse und die für die jeweilige Tätigkeit erforderlichen praktischen Fertigkeiten hat, um Pflanzenschutzmittel bestimmungsgemäß und sachgerecht anzuwenden.
Wer Pflanzenschutzmittel gewerbsmäßig oder im Internet auch außerhalb gewerblicher Tätigkeiten in den Verkehr bringt, muss zusätzlich nachweisen, dass er über die erforderlichen fachlichen Kenntnisse verfügt, um sowohl berufliche als auch nichtberufliche Anwender von Pflanzenschutzmitteln zu informieren über

- die **bestimmungsgemäße** und **sachgerechte Anwendung** von Pflanzenschutzmitteln,
- die damit verbundenen **Risiken**,
- mögliche Maßnahmen zur **Risikominderung** sowie
- die **sachgerechte Lagerung und Entsorgung** von Pflanzenschutzmitteln und ihren Resten.

Der Sachkundenachweis muss vor Aufnahme der jeweiligen Tätigkeit bei der zuständigen Behörde beantragt werden. Er ist zu erteilen, wenn die erforderlichen Kenntnisse und Fertigkeiten nachgewiesen werden.
Die Frist zur Beantragung der Ausstellung des Sachkundenachweises für nach bisherigem Recht Sachkundige endet am 26. November 2015.
Der Sachkundenachweis ist der zuständigen Behörde auf Verlangen vorzulegen.
Die zuständige Behörde soll den Sachkundenachweis widerrufen, wenn Tatsachen die Annahme rechtfertigen, dass der Inhaber des Nachweises die genannten Voraussetzungen nicht erfüllt oder wiederholt gegen die Bestimmungen des Pflanzenschutzgesetzes oder der darauf beruhenden Verordnungen verstoßen hat.
Sachkundige Personen sind verpflichtet, jeweils innerhalb eines Zeitraums von **drei Jahren** ab der erstmaligen Ausstellung eines Sachkundenachweises eine von der zuständigen Behörde anerkannte **Fort- oder Weiterbildungsmaßnahme** wahrzunehmen. Diese ist der zuständigen Behörde auf Verlangen nachzuweisen. Kann der Sachkundige den Nachweis nicht erbringen, setzt die Behörde eine Frist für die Wahrnehmung einer Fort- oder Weiterbildungsmaßnahme. Erfolgt auch innerhalb dieser Frist keine entsprechende Fort- oder Weiterbildung, soll die Behörde den Sachkundenachweis widerrufen.

Kein Sachkundenachweis ist erforderlich, für

- die Anwendung von Pflanzenschutzmitteln, die für nichtberufliche Anwender zugelassen sind, im Haus- und Kleingartenbereich,
- die Ausübung einfacher Hilfstätigkeiten unter Verantwortung und Aufsicht eines Sachkundigen,
- die Anwendung von Pflanzenschutzmitteln im Rahmen eines Ausbildungsverhältnisses unter Anleitung eines Sachkundigen, sowie
- die Anwendung von Pflanzenschutzmitteln zur Wildschadensverhütung durch nichtberufliche Anwender.

Das Bundesministerium für Ernährung, Landwirtschaft und Verbraucherschutz wird ermächtigt, nähere Vorschriften zu erlassen über

- Art und Umfang der erforderlichen fachlichen Kenntnisse und Fertigkeiten,
- das Verfahren für deren Nachweis,
- die Gestaltung des Sachkundenachweises,
- Informationspflichten von Inhabern eines Sachkundenachweises,
- die Wiedererlangung des Sachkundenachweises, wenn dieser entzogen oder widerrufen worden ist,
- die Anerkennungsvoraussetzungen für Fort- und Weiterbildungsmaßnahmen und
- Art und Umfang der Ausübung einfacher Hilfstätigkeiten.

1.2 Abgabe von Pflanzenschutzmitteln

Für die Abgabe von Pflanzenschutzmitteln schreibt das Pflanzenschutzgesetz in § 23 vor:

1. Pflanzenschutzmittel, die nur für die **berufliche Anwendung** zugelassen sind, dürfen nur abgegeben werden, wenn der Erwerber einen Sachkundenachweis besitzt. Der Abgebende hat sich in geeigneter Weise den Sachkundenachweis des Erwerbers vorlegen zu lassen. Diese Vorschrift ist ab 26. November 2015 anzuwenden.
2. Pflanzenschutzmittel dürfen nicht durch Automaten oder durch andere Formen der Selbstbedienung in den Verkehr gebracht werden. Die Vorschriften des Chemikaliengesetzes über die Abgabe gefährlicher Stoffe oder Zubereitungen gelten für die Abgabe von Pflanzenschutzmitteln entsprechend.
3. Bei der Abgabe von Pflanzenschutzmitteln hat der Abgebende über die bestimmungsgemäße und sachgerechte Anwendung des Pflanzenschutzmittels, insbesondere über Verbote und Beschränkungen, zu unterrichten.
4. Bei der Abgabe von Pflanzenschutzmitteln an **nichtberufliche Anwender** stellt der Abgebende darüber hinaus allgemeine Informationen über die Risiken der Anwendung für Mensch, Tier und Naturhaushalt zur Verfügung. Diese berücksichtigen insbesondere den Anwenderschutz, die sachgerechte Lagerung, Handhabung und Anwendung sowie die sichere Entsorgung nach den abfallrechtlichen Vorschriften und Möglichkeiten des Pflanzenschutzes mit geringem Risiko.
5. Die zuständige Behörde soll die Abgabe von Pflanzenschutzmitteln im Handel ganz oder teilweise für eine Dauer von bis zu fünf Jahren untersagen und den Sachkundenachweis entziehen, wenn der Abgebende wiederholt gegen die Vorschriften des Pflanzenschutzgesetzes oder andere einschlägige Rechtsvorschriften verstoßen hat.

Die Frist zur Beantragung der Ausstellung des Sachkundenachweises für nach bisherigem Recht sachkundige Abgeber endet am 26. November 2015.
Der Abgeber von Pflanzenschutzmitteln hat seine Kenntnisse nachweislich innerhalb eines Zeitraums von drei Jahren durch den Besuch einer anerkannten Fort-

oder Weiterbildungsmaßnahme aufzufrischen. Die Frist für die nach bisherigem Recht Sachkundigen beginnt am 1. Januar 2013.

1.3 Kenntnisse und Fertigkeiten

In der **Pflanzenschutz-Sachkundeverordnung** sind detaillierte Regelungen enthalten über

1. die Gestaltung des Sachkundenachweises,
2. den Nachweis der erforderlichen fachlichen Kenntnisse und Fertigkeiten,
3. die Prüfung,
4. die Wiedererlangung der Sachkunde nach Entzug des Sachkundenachweises,
5. die Anerkennung von Befähigungsnachweisen aus anderen Staaten,
6. die Anerkennung von Fort- und Weiterbildungsmaßnahmen und
7. den Nachweis einer Fort- oder Weiterbildungsmaßnahme.

In Anlage 1 dieser Verordnung sind die erforderlichen fachlichen Kenntnisse und praktischen Fertigkeiten für die Erlangung des Sachkundenachweises aufgeführt.

Für Anwender, Berater und Ausbilder:

Kenntnisse über

1. die Inhalte des Aktionsrahmens der Gemeinschaft für die nachhaltige Verwendung von Pflanzenschutzmitteln,
2. Schadorganismen und Schadensursachen bei Pflanzen und Pflanzenerzeugnissen,
3. Eigenschaften von Pflanzenschutzmitteln,
4. Verfahren der Ausbringung von Pflanzenschutzmitteln.

   Fertigkeiten

1. im bestimmungsgemäßen und sachgerechten Umgang mit Pflanzenschutzmitteln,
2. beim Verwenden, Reinigen und Warten von Pflanzenschutzgeräten.

Für Abgeber von Pflanzenschutzmitteln:

Neben den oben genannten Kenntnissen sind **zusätzlich** nachzuweisen

1. Kenntnisse für eine sachgerechte Unterrichtung eines Erwerbers von Pflanzenschutzmitteln, der einen Sachkundenachweis besitzt, über die Anwendung der Pflanzenschutzmittel und zur Vermeidung von Gefahren für die Gesundheit von Mensch, Tier und Naturhaushalt,
2. Kenntnisse über die sachgerechte Information eines Erwerbers von Pflanzenschutzmitteln, der keinen Sachkundenachweis besitzt, für die nicht-berufliche Anwendung, einschließlich der Bereitstellung von Informationen über die Risiken der Verwendung von Pflanzenschutzmitteln für die menschliche Gesundheit und Umwelt und die bestimmungsgemäße und sachgerechte Handhabung, Lagerung und Entsorgung von Pflanzenschutzmitteln sowie über Alternativen mit geringem Risiko.

Nachweis der erforderlichen fachlichen Kenntnisse und Fertigkeiten

Der Nachweis wird erbracht durch

1. eine erfolgreich abgeschlossene Sachkunde-Prüfung,
2. Vorlage eines Zeugnisses über eine mit einer Prüfung abgeschlossene Berufsausbildung in den Berufen Landwirt, Forstwirt, Gärtner, Winzer, Pflanzenschutzlaborant, landwirtschaftlicher Laborant, landwirtschaftlich-technischer Assistent, Fachkraft Agrarservice, Schädlingsbekämpfer, Fachagrarwirt Landtechnik,
3. Vorlage eines Zeugnisses über eine mit einer Prüfung abgeschlossene Berufsausbildung oder eines Zeugnisses über ein mit einer Prüfung abgeschlossenes Studium sowie einer Bescheinigung der Ausbildungsstätte, dass die erforderlichen Kenntnisse und Fertigkeiten für Anwender, Berater und Ausbilder bzw. Abgeber von Pflanzenschutzmitteln Bestandteil der Ausbildung und Prüfung waren oder
4. eine entsprechende Bescheinigung von der zuständigen Behörde eines anderen Mitgliedstaates der EU.

➜ **Überprüfen Sie Ihr Wissen mit den Fragen 101–114 des Fragenkatalogs. Die Lösungen finden Sie am Ende des Buches.**

2 Schadursachen bei Pflanzen und Pflanzenerzeugnissen

Pflanzen können ebenso wie Menschen erkranken oder in ihrer Entwicklung gestört werden. Vor allem Schadorganismen, Witterungseinflüsse, falsche oder mangelhafte Nährstoffversorgung und falsche Anbautechnik können zu Schäden führen. Auch wild wachsende Pflanzen – in Kulturpflanzenbeständen allgemein als Unkräuter bezeichnet – können die Kulturpflanzen in ihrem Lebensraum beeinträchtigen.
Wer wirkungsvollen Pflanzenschutz betreiben will, muss die Schadursachen kennen, um gezielt gegen sie vorgehen zu können.
Man kann grundsätzlich unterscheiden zwischen **parasitären** und **nichtparasitären Schadursachen.**
Nichtparasitäre Schadursachen werden durch unbelebte Einflüsse ausgelöst.
Parasitäre Schadursachen werden von Lebewesen bzw. Kleinstlebewesen hervorgerufen, die auf Kosten eines anderen, eines Wirts, leben.

2.1 Nichtparasitäre Schadursachen

Zu den nichtparasitären Ursachen von Erkrankungen bzw. Entwicklungsstörungen zählen:
- Ungünstige Witterungsbedingungen wie Kälte, Frost, Hitze, Nässe, Trockenheit, Hagel, Sturm,
- ungünstige Bodenbeschaffenheit wie Verdichtung, Bodenreaktion (sauer, akalisch), mangelnde Durchlüftung,
- sorgloser Umgang mit Maschinen und Geräten, der zu Pflanzenverletzungen führt und damit Eintrittspforten für Krankheitserreger schafft,
- Nährstoffmangel oder Nährstoffüberversorgung.

Die *Unterversorgung* mit bestimmten Nährstoffen kann zu typischen Mangelkrankheiten führen. Beispiele sind: Herz- und Trockenfäule der Rüben bei Bor-Mangel oder helle perlschnurartige Streifigkeit auf den Blättern von Mais und Getreide oder spiegelbildlich angeordnete Blattverbräunungen der Kartoffel bei Magnesium-Mangel.
Eine *Überversorgung* mit Stickstoff führt beispielsweise zu Lager bei Getreide oder Überhandnehmen von Ampfer auf Grünland. Kalküberschuss kann die Festlegung von Spurenelementen im Boden zur Folge haben. Mangelkrankheiten und Nährstoffüberschuss lassen sich nur durch **regelmäßige Bodenuntersuchungen** auf den Gehalt an Nährstoffen und eine darauf abgestimmte Düngung vermeiden.

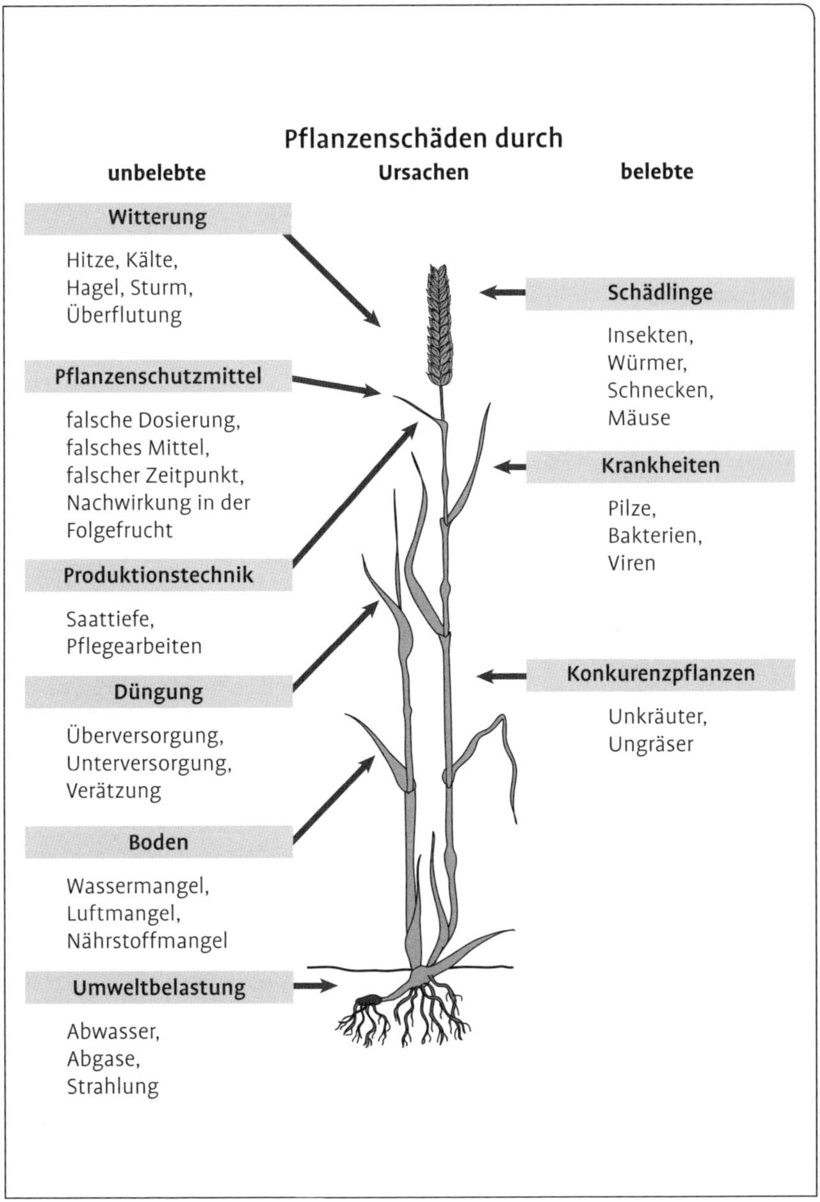

Abb. 1. Schadursachen bei Pflanzen und Pflanzenerzeugnissen

2.2 Parasitäre Schadursachen

2.2.1 Konkurrenzpflanzen – Unkräuter und Ungräser

Dies ist ein **Sammelbegriff** für alle Pflanzen, die auf bewirtschafteten landwirtschaftlichen Nutzflächen hinsichtlich

- Nährstoffen,
- Platz,
- Licht

in Konkurrenz zum Kulturpflanzenbestand stehen.

- Sie können Zwischenträger von Krankheiten und Schädlingen sein (z. B. Getreidezystenälchen an Flughafer, Halmbruch an Gräsern).
- Sie behindern Pflege und Ernte des Kulturbestandes (z. B. Klettenlabkraut, Kamille).
- Sie können Träger von Giftstoffen sein (z. B. Herbstzeitlose, Hahnenfuß).
- Auch Kulturpflanzen können zu Unkräutern werden, wenn sie dort wachsen, wo sie nicht erwünscht sind (z. B. Durchwuchskartoffeln in Getreide, Ausfallgetreide in Raps).

Es gibt zwei große **Gruppen von Konkurrenzpflanzen:**

- Unkräuter,
- Ungräser.

Zweikeimblättrige Pflanzen (Gruppe der Unkräuter): Sie entwickeln **2 Keimblätter.** Die sind in der Regel breit auslaufend.

Einkeimblättrige Pflanzen (Gruppe der Ungräser): Sie entwickeln nur **1 Keimblatt.** In der Regel haben sie einen aufrechten Wuchs und schmale, spitz zulaufende Blätter.

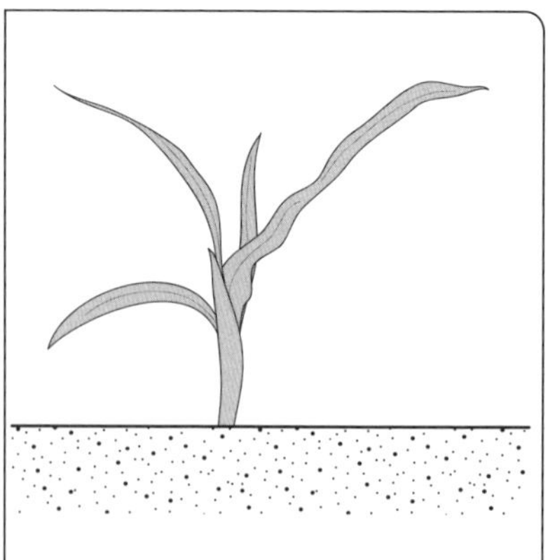

Abb. 2. Einkeimblättrige Pflanze: Gräser

Abb. 3. Zweikeimblättrige Pflanze: Krautige Pflanzen

Die Einteilung in ein- und zweikeimblättrige Pflanzen, in Samen- und Wurzelunkräuter sowie in Frühjahrs- und Herbstkeimer ist wichtig für die Auswahl der Unkrautbekämpfungsmittel (Herbizide), da jeweils spezifisch wirkende Mittel eingesetzt werden müssen.
Auf jeder bewirtschafteten Fläche stehen **Leitunkräuter**, je nach Standort z. B. Klettenlabkraut, Kamille, Ackerhohlzahn. Nur ihre genaue Kenntnis ermöglicht eine richtige Mittelwahl und gezielte Bekämpfung.

2.2.2 Pilzkrankheiten

Pilze sind einfach gebaute Organismen. Sie haben kein Blattgrün (Chlorophyll) und können deshalb nicht selbstständig organische Substanzen aufbauen. Sie sind deshalb immer auf **Wirtspflanzen** angewiesen. Ihre mikroskopisch kleinen Organe über- oder durchwuchern das Gewebe der Kulturpflanzen, entziehen ihnen Nährstoffe und führen letztlich zum Absterben der Kulturpflanze.
Die Übertragung von Pilzkrankheiten von Pflanze zu Pflanze geschieht fast immer durch **Sporen** (Ausbreitungsorgane des Pilzes).
Günstige Befallsvoraussetzungen sind:
- ausreichende Luftfeuchtigkeit,
- ausreichende Temperatur,
- ausreichende Blattnässe.

Tabelle 1 Beispiele für Pilzkrankheiten

Krankheit	**Kulturpflanze**	**Schadbild**
Grauschimmelfäule *(Botrytis)*	Erdbeere, Himbeere, Salat	mausgrauer Schimmelrasen an Blättern, Blüten und Früchten
Echter Mehltau	Weizen, Rebe, Stachelbeere, Apfel, Rose	mehlartiger Belag auf Blattober- und -unterseiten, der abwischbar ist; die Blätter verbräunen und vertrocknen
Falscher Mehltau	Kartoffel (Kraut- und Knollenfäule), Reben, Hopfen *(Peronospora)*, Zierpflanzen	weißgraues Pilzgeflecht auf der Blattunterseite; auf der Blattoberseite anfangs helle unscharfe, später dunkle Flecken
Rostkrankheiten	Getreide, Bohnen, Rosen	gelbe, rotbraune bis schwarze pustelartige Sporenlager auf Blattober- und -unterseite, Absterben der Blätter
Sternrußtau	Rosen	violett-schwarze Flecken mit strahligem Rand; Blätter vergilben und fallen vorzeitig ab

Der Befall wird begünstigt durch:
- Vererbliche Anfälligkeit gegen den Pilz (fehlende Resistenz),
- geschwächte Widerstandskraft der Pflanze durch unausgewogenes Nährstoffangebot (z. B. Stickstoffüberdüngung),
- schlechte Wurzelentwicklung durch ungünstige Bodenstruktur,
- zusätzliche Stressfaktoren (z. B. Witterung oder unsachgemäßer Wachstumsregler- oder Herbizideinsatz).

2.2.3 Tierische Schädlinge

Bei den tierischen Schädlingen unterscheidet man:
- Insekten
- Nematoden
- Milben
- Schnecken
- Säugetiere
- Vögel

Insekten

Insekten können in der Landwirtschaft, im Gartenbau und im Forst große wirtschaftliche Schäden verursachen. Im Hinblick auf ihre Bekämpfung muss man zwischen beißenden und saugenden Insekten unterscheiden.
Bei den **beißenden Insekten** schädigen meist die Larvenstadien (Larve, Raupe, Made, Engerling). Bei den **saugenden Insekten** verursachen sowohl die Larven als auch die Vollinsekten Schäden an Pflanzen.
Die Insektenlarven oder die ausgewachsenen Tiere verursachen **typische Fraßbilder:**
- **Fensterfraß:** Die Haut einer Blattseite bleibt stehen (z. B. Getreidehähnchen, Kohlmotte).
- **Lochfraß:** Die Blätter bzw. Knollen werden lochartig durchgefressen (z. B. Erdflöhe, Engerlinge).
- **Randfraß:** Vom Rand her werden Teile der Blattfläche weggefressen (z. B. Blattrandkäfer, Dickmaulrüßler).
- **Skelettierfraß:** Nur die dickeren Blattadern bleiben stehen (z. B. Kartoffelkäfer, Großer Kohlweißling).
- **Kaufraß:** Das Blatt wird zerkaut und der austretende Pflanzensaft aufgesaugt (z. B. Getreidelaufkäferlarve).
- **Minierfraß:** Die Larve frisst im Blatt, die obere und untere Blatthaut bleiben intakt (z. B. Rübenfliege, Kastanienminiermotte).
- **Bohrfraß:** Die betreffenden Pflanzenteile werden ausgehöhlt (z. B. Drahtwurm, Ungleicher Holzbohrer).
- **Fruchtfraß:** Die Larven fressen in den Früchten (z. B. Obstmade des Apfelwicklers, Kirschfruchtfliege).

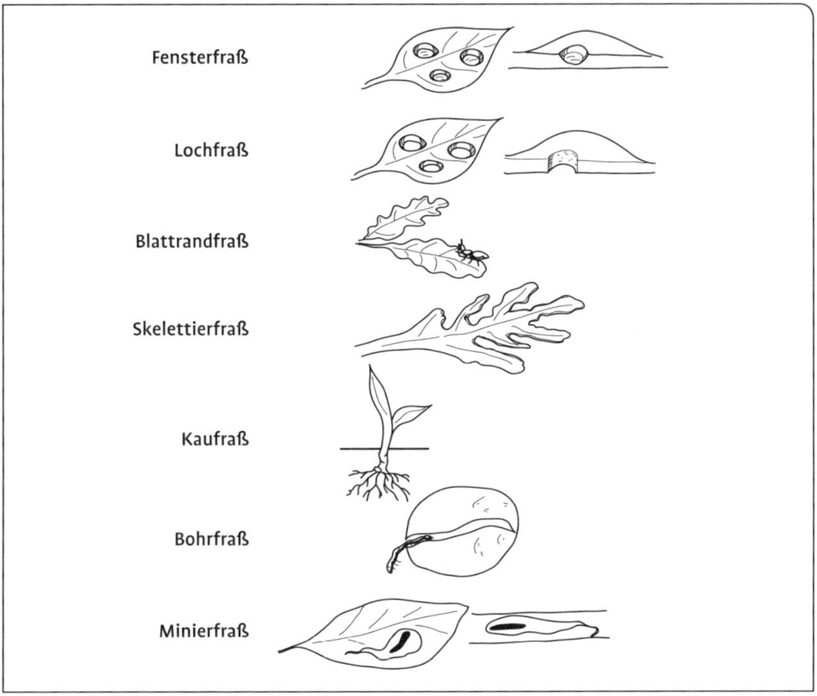

Abb. 4. Typische Fraßbilder

- **Totalfraß** oder Kahlfraß: Das ganze Blatt bzw. das ganze Blattwerk der Pflanzen wird weggefressen (z. B. Maikäfer, Goldafter).
- **Saugschäden:** Sprenkelung, Aufhellung, Kräuselung der Blätter (z. B. Blattlaus, Wanzen, Blasenfüße).

Nach der Entwicklung unterscheidet man zwei Gruppen bei Insekten:
Vollständige Umwandlung: Die Tiere durchlaufen nach dem Schlüpfen aus dem Ei die Entwicklungsstadien Larve, Puppe, Vollinsekt (z. B. Käfer, Fliege, Blattwespe, Schmetterling, siehe Abb. 5).
Unvollständige Umwandlung: Die Jungtiere ähneln während ihrer Entwicklung den erwachsenen Tieren (z. B. Blattläuse, Blattsauger, Blasenfuß (Thripse), Wanzen, siehe Abb. 6).

Nematoden (Älchen oder Fadenwürmer)

Nematoden sind kleine Fadenwürmer von 0,5–10 mm Länge, die im Boden oder in Pflanzen leben. Durch häufiges Anstechen der Wurzeln beim Eindringen in die Pflanze werden Eintrittsöffnungen für Fäulnispilze und Bakterien geschaffen.

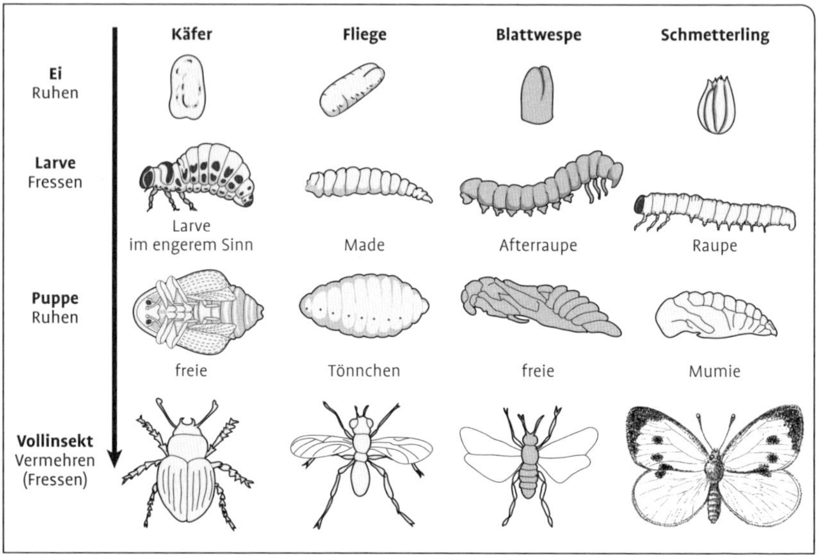

Abb. 5. Beispiele für Entwicklungsstufen beißender Insekten mit vollständiger Umwandlung

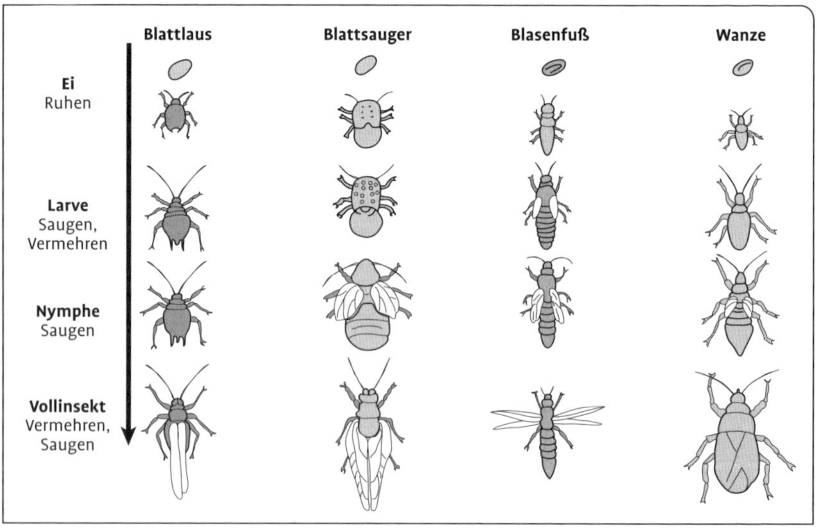

Abb. 6. Beispiele für Entwicklungsstufen saugender Insekten mit unvollständiger Umwandlung

Die Ausscheidung von Giftstoffen, der ständige Saftentzug sowie die Zerstörung des Wurzelwerkes lassen die Pflanzen kümmern. Sie welken und können bei starkem Befall eingehen.
Als **Pflanzenschädlinge** von Bedeutung sind insbesondere die an den Wurzeln lebenden Kartoffel- und Rübennematoden und die im oberen Teil der Pflanze lebenden Stock- oder Stängelälchen (z. B. Rübenkopfälchen, Blattälchen an Zierpflanzen).
Da die meisten Nematodenarten bestimmte Pflanzenarten bevorzugen, werden sie zu ausgesprochenen **Fruchtfolgeschädlingen,** wenn die bevorzugten Wirtspflanzen in der Fruchtfolge zu dicht hintereinander angebaut werden.
Bei manchen Nematodenarten schwellen die Weibchen im Laufe ihrer Entwicklung zu braunen Ei- und Larvenkugeln an (*Zystennematoden* an Kartoffeln und Rüben). Wenn diese in ein Feld eingeschleppt werden, können sie dort viele Jahre auch ohne Wirtspflanzen überleben.
Die Verbreitung der Nematoden erfolgt durch Verschleppung an oder in Pflanzen, verseuchte Erde an Maschinen und Schuhen sowie durch Wasser, Wind und Tiere.

Milben

Milben gehören zur Klasse der Spinnentiere. *Pflanzenschädliche Milben* sind 0,5–2,5 mm groß. Sie stechen einzelne Pflanzenzellen an, die so zerstört werden. Im Unterschied zu 6-beinigen Insekten haben die Milben 8 Beine, ihre Larven 6.

Zu unterscheiden sind:

- **Weichhautmilben** (z. B. die Erdbeermilbe), deren Tätigkeit zur Verkrüppelung der Blätter führt.
- **Gallmilben** (z. B. Johannisbeer-Gallmilbe), auf deren giftigen Speichel die Pflanzen mit Missbildungen, sog. Gallen reagieren.
- **Spinnmilben** (z. B. Rote Spinne), die insbesondere Obst, Wein, Hopfen, Zierpflanzen und Unterglaskulturen schädigen. Bei Befall sind die Blattoberseiten gelblich weiß gesprenkelt und fahlgrün. Die Blätter vertrocknen. Auf den Blattunterseiten sind feine Gespinstfäden. Die mit bloßem Auge kaum sichtbaren Spinnmilben sind grünlich bis hellrot gefärbt (Lupe verwenden!).

Neben pflanzenschädigenden Milben gibt es auch *Raubmilben,* die Nematoden, Milben, kleine Insekten und Insekteneier vertilgen und im Rahmen des biologischen Pflanzenschutzes eingesetzt werden.

Schnecken

Schnecken schädigen besonders an jungem Pflanzengewebe, das sie mit der Zunge abraspeln. Sie vermögen innerhalb eines Tages fast die Hälfte ihres Eigengewichtes an grünem Blattwerk zu fressen. Schäden treten besonders in und nach feuchten Witterungsabschnitten auf. Häufig konzentriert sich der Schaden an den Feldrändern, die an Grünlandflächen anschließen.

Säugetiere

Aus der Klasse der Säugetiere müssen vor allem schädliche *Nagetiere* wie z. B. Ratten und Mäuse genannt werden.
Sie schädigen sowohl in den Pflanzenbeständen (Wühlmäuse) als auch vor allem im Lager an Vorräten (Ratten und Mäuse), wo sie nicht nur durch Fraß Substanzverluste verursachen, sondern durch Beschmutzung mit Kot und Urin das Lagergut unbrauchbar machen.

Vögel

Sperling, Fasan, Krähe und Taube schädigen lokal begrenzt an auflaufenden Saaten.
Drosseln und Stare können im Wein- und Obstbau bisweilen erhebliche Schäden verursachen.
Bekämpfungsmaßnahmen sind verboten.
Nur Abschreckungsmittel (Repellents) oder mechanische Abwehrverfahren wie z. B. Überspannen mit Schutznetzen sind erlaubt.

2.2.4 Bakterien

Bakterien sind mikroskopisch kleine, *einzellige Lebewesen.*
Die meisten Bakterien sind außerordentlich *wichtige Zersetzer* von organischem Material in der Natur.
Bestimmte Bakterien können aber Kulturpflanzen schwer schädigen. Sie zersetzen das Pflanzengewebe und führen somit zu *Fäulen* (z. B. Nassfäule der Kartoffel) oder zum *Absterben* ganzer Pflanzenpartien (z. B. Feuerbrand des Kernobstes).
Bakterien dringen in der Regel über Wunden (bei Kartoffeln im Boden oder bei unsachgemäßer Ernte oder Einlagerung) oder über Blütenorgane (z. B. Feuerbrand) in die Pflanze ein.

Tabelle 2 Beispiele für Bakterienkrankheiten

Krankheit	Kulturpflanze	Schadbild
Feuerbrand	Kernobst, Rot- und Weißdorn	absterbende Blüten, Blätter oder Zweige; Ausbreitung sehr schnell; Pflanze sieht wie abgebrannt aus
Wurzelkropf	Obstgehölze, Rüben, Zierpflanzen	krebs- oder kropfartige Wucherungen, vorwiegend an Wurzeln oder am Wurzelhals
Fettfleckenkrankheit	Bohnen	Blattflecken, häufig mit einem hellen Hof umgeben
Ringfäule, Schleimkrankheit	Kartoffeln	Verfärbung in der Knolle, Schleimaustritt, Fäulnis

Die Infektion wird begünstigt durch einen Wasserfilm oder zumindest durch hohe Luftfeuchtigkeit.
Die Verbreitung erfolgt durch Tiere (Insekten, Vögel) oder durch Behältnisse (Blumentöpfe) und Pflegegeräte. Äußerlich sichtbare Befallssymptome sind

- **Wucherungen** an Samen, Stängeln oder Wurzeln,
- **Faulstellen** (Nass- oder Weichfäule an Blättern, Stängeln und Früchten),
- **Welkeerscheinungen,**
- **Blattflecken.**

Eine sichere Diagnose kann nur durch Laboruntersuchungen gestellt werden.

2.2.5 Viren

Viren sind extrem kleine *Eiweißkörper ohne eigenen Stoffwechsel.* Sie vermehren sich innerhalb eines fremden Wirtsorganismus durch Umsteuerung seines Stoffwechsels. Die Schäden werden meist durch Verstopfung der Leitungsbahnen der Wirtspflanze hervorgerufen. Der Befall wird erkennbar an gestauchtem Wuchs, Blattkräuselungen, Blattverfärbung von grün nach gelb bis rot.

Tabelle 3 Beispiele für Viruskrankheiten

Krankheit	Kulturpflanze	Schadbild
Blattrollkrankheit	Kartoffel	steife, eingerollte Blätter
Mosaikkrankheit	Tomate, Kartoffel, Gurke	mosaikartige Scheckung der Blätter, Wuchshemmung
Scharkakrankheit	Zwetschge, Pflaume	Blattflecken, Missbildungen und Scheckungen der Früchte

Es gibt viele Möglichkeiten der Virus-Übertragung:

- **Tiere** (Vektoren): Blattläuse, Schildläuse, Zikaden, Nematoden,
- **Pflanzgutübertragung:** Virusverseuchtes Pflanzgut bei Kartoffeln,
- **virusverseuchte Reiser** bei Pfropfung in Baumschulen,
- **mechanische Übertragung:** Durch Berührung von Blatt zu Blatt oder Berührung und Verletzung durch Arbeitsgeräte.

Tabelle 4 Schadursachen auf einen Blick

Schaderreger	**Beispiele**	**Schäden**
Unkräuter, Ungräser	Klettenlabkraut, Ampfer, Distel, Vogelmiere, Kamille, Flughafer, Windhalm, Ackerfuchsschwanz, Hirsearten	Konkurrenz für Kultur, Qualitätseinbußen, Erschwernis bei Pflege und Ernte, Wirtspflanzen für Schädlinge, Giftpflanzen
Pilze	Echter und Falscher Mehltau, Schorf, Septoria, Roste, Brand-Krankheiten	Zerstörung des Gewebes, Verschmutzung, Qualitätsverlust
Bakterien	Feuerbrand, Ringfäule der Kartoffel, Schwarzbeinigkeit	Zerstörung der Pflanze
Virosen	Vergilbungskrankheit der Zuckerrüben, Kartoffelabbau, Obst-Virosen	Ertrags- und Qualitätsverluste
Insekten	Kartoffelkäfer, Apfelwickler, Blattläuse, Frit- und Kohlfliegen, Wanzen	Fraß- und Saugschäden
Nematoden	Zystennematoden an Kartoffeln und Zuckerrüben, Wurzelgallenälchen, Stängelälchen	Wuchsdepressionen, Ertrags- und Qualitätsverluste
Milben	Spinnmilben, Mehlmilben	Saug- und Qualitätsschäden
Schnecken	Ackernacktschnecken, Gehäuseschnecken	Fraßschäden
Säugetiere	Ratten, Mäuse, Wildschweine	Fraßschäden, Verschmutzung
Vögel	Spatzen, Grünlinge, Fasane, Tauben	Fraßschäden
Nährstoffmangel	Bor, Mangan, Magnesium	Zerstörung des Pflanzengewebes
Nährstoffüberschuss	Stickstoff	erhöhte Krankheitsanfälligkeit
Standort, Wetter	Bodenverdichtung, Hagel	vermindertes Wachstum, Pflanzenzerstörung

Tabelle 5 Mögliche Qualitätseinbußen durch unterlassenen Pflanzenschutz

Beispiel	**Schäden**
Knollenfäule	faule, ungenießbare Kartoffelknollen
Steinbrand	nach Heringslake stinkendes, ungenießbares Getreide
Schimmelpilze	Gesundheitsgefährdung durch giftige Stoffwechselprodukte (Mykotoxine)
Spelzenbräune	Schmachtkorn bei Getreide
Apfelwickler	Fraßgänge und Kot, Fäulen und Schimmel als Sekundärschäden, „verwurmte" Äpfel
Blattläuse, Raupen,	Unansehnlichkeit,
Schnecken im Gemüse	Ungenießbarkeit

Virus-Krankheiten sind Ursache z. B. für den „Kartoffelabbau" (Blattrollvirus, Mosaik-Virus). Durch diese Krankheiten sinken der Ertrag und die Qualität von Anbau zu Anbau rapide ab.

➜ **Überprüfen Sie Ihr Wissen mit den Fragen 201–247 des Fragenkataloges. Die Lösungen finden Sie am Ende des Buches.**

3 Rechtsvorschriften im Bereich des Pflanzenschutzes

3.1 Pflanzenschutzrecht

Für die Anwendung und den Vertrieb von Pflanzenschutzmitteln gibt es eine Reihe von Rechtsvorschriften, die zu beachten sind.

3.1.1 Verordnung (EG) NR. 1107/2009 über das Inverkehrbringen von Pflanzenschutzmitteln („EU-Zulassungs-Verordnung“)

Diese Verordnung gilt unmittelbar in allen Mitgliedstaaten der EU. Ihr Ziel ist die Gewährleistung eines **hohen Schutzniveaus** für die Gesundheit von Mensch und Tier und für die Umwelt und das bessere Funktionieren des Binnenmarktes durch die **Harmonisierung der Vorschriften** für das Inverkehrbringen von Pflanzenschutzmitteln und die Verbesserung der landwirtschaftlichen Produktion.
Die Bestimmungen dieser Verordnung

1. über die Zulassung von Pflanzenschutzmitteln sowie über ihr Inverkehrbringen, ihre Verwendung und ihre Kontrolle innerhalb der Gemeinschaft,
2. über die Genehmigung von Wirkstoffen, Safernen und Synergisten, die in Pflanzenschutzmitteln enthalten sind, und über Zusatzstoffe und Beistoffe

beruhen auf dem **Vorsorgeprinzip**, mit dem sichergestellt werden soll, dass in Verkehr gebrachte Wirkstoffe oder Produkte keine negativen Auswirkungen auf Mensch, Tier und Umwelt haben.

3.1.2 Richtlinie 2009/128/EG über einen Aktionsrahmen für die nachhaltige Verwendung von Pestiziden („EU-Pestizidrichtlinie“)

Mit dieser Richtlinie wird ein Rahmen für eine nachhaltige Verwendung von Pestiziden geschaffen, in dem die mit deren Verwendung verbundenen **Risiken** und Auswirkungen für die menschliche Gesundheit und die Umwelt **verringert** und die Anwendung des **integrierten Pflanzenschutzes** sowie alternativer Methoden oder Verfahren im nichtchemischen Bereich gefördert werden.

3.1.3 Gesetz zum Schutz der Kulturpflanzen (Pflanzenschutzgesetz)

Das Pflanzenschutzgesetz dient im Wesentlichen der Umsetzung des „EU-Pflanzenschutzpakets“ und spiegelt die fortschreitende Integration dieses Fachbereichs in die EU – Rechtsetzung wider.

Zweck des Pflanzenschutzgesetzes

Zweck dieses Gesetzes ist es,

1. Kulturpflanzen und Pflanzenerzeugnisse vor parasitären und nichtparasitären Beeinträchtigungen zu schützen,
2. Gefahren, die durch die Anwendung von Pflanzenschutzmitteln oder durch andere Maßnahmen des Pflanzenschutzes, insbesondere für die Gesundheit von Mensch und Tier und für den Naturhaushalt, entstehen können, abzuwenden oder ihnen vorzubeugen,
3. Rechtsakte der Europäischen Gemeinschaft oder der Europäischen Union im Anwendungsbereich dieses Gesetzes durchzuführen.

Vor diesem Hintergrund stellen sich vor der Anwendung von Pflanzenschutzmitteln grundsätzlich folgende Fragen:
Ist die Anwendung eines bestimmten Pflanzenschutzmittels

- überhaupt notwendig?
- erlaubt?
- mit bestimmten Auflagen erlaubt?
- an einer bestimmten Stelle erlaubt?
- für einen bestimmten Zweck erlaubt?
- zu einem bestimmten Zeitpunkt erlaubt?
- mit Risiken für den Anwender behaftet?
- mit Risiken für den Verbraucher von Pflanzenerzeugnissen verbunden?

Das Pflanzenschutzgesetz ist das „Grundgesetz“ für alles pflanzenschutzliches Tun sowie Grundlage für eine Reihe von speziellen Verordnungen, die Antworten auf diese Fragen geben.

Wichtige Einzelbestimmungen des Gesetzes

Für Anwender und Abgeber von Pflanzenschutzmitteln sind insbesondere folgende Bestimmungen wichtig:

- Sachkunde für Anwender und Abgeber von Pflanzenschutzmitteln,
- Aktionsplan für die nachhaltige Anwendung von Pflanzenschutzmitteln,
- Gute fachliche Praxis,
- Zulassung,
- Parallelhandel,
- Anwendung von Pflanzenschutzmitteln – Indikation,
- Erweiterung des Anwendungsgebietes,
- Anzeigepflicht,
- Freilandflächen (Nichtkulturland),
- Flächen, die für die Allgemeinheit bestimmt sind,
- Haus- und Kleingartenbereich,
- Einsatz von Luftfahrzeugen,
- Anwendung von Pflanzenschutzmitteln zu Versuchszwecken,
- mit Pflanzenschutzmitteln behandeltes Saatgut,
- Aufzeichnungspflicht,

- Pflanzenstärkungsmittel,
- Aufbrauchfrist, Abverkauf und Rückgabe von Pflanzenschutzmitteln,
- Pflanzenschutzgeräte,
- Bußgeld-und Strafvorschriften.

Sachkunde für Anwender und Abgeber von Pflanzenschutzmitteln
Die Abgabe und die Anwendung von Pflanzenschutzmitteln sind nur erlaubt, wenn ein **Sachkundenachweis** vorliegt. Dieser ist der zuständigen Behörde auf Verlangen vorzulegen und kann von ihr widerrufen werden, wenn wiederholt gegen die Vorschriften des Pflanzenschutzgesetzes oder anderer einschlägiger Regelungen verstoßen wird.

Aktionsplan für die nachhaltige Anwendung von Pflanzenschutzmitteln
Die Bundesregierung beschließt einen Aktionsplan zur nachhaltigen Anwendung von Pflanzenschutzmitteln. Dieser Plan wird unter Mitwirkung der Länder und Beteiligung von Verbänden, die sich mit Pflanzen oder Pflanzenerzeugnissen, dem Pflanzenschutz, dem Verbraucherschutz, der Wasserwirtschaft oder dem Umwelt- und Verbraucherschutz befassen, erstellt. Er umfasst Vorgaben, Ziele, Maßnahmen und Zeitpläne zur **Verringerung der Risiken und Auswirkungen der Anwendung von Pflanzenschutzmitteln** auf die Gesundheit von Mensch und Tier sowie auf den Naturhaushalt.
Dieser Aktionsplan wird mindestens alle fünf Jahre überprüft.

Gute fachliche Praxis
Pflanzenschutz darf nur nach guter fachlicher Praxis durchgeführt werden. Die gute fachliche Praxis umfasst insbesondere
- die Einhaltung der allgemeinen Grundsätze des integrierten Pflanzenschutzes (siehe S. 59ff),
- die Gesunderhaltung und Qualitätssicherung von Pflanzen und Pflanzenerzeugnissen durch vorbeugende Maßnahmen, Verhütung der Ein- und Verschleppung von Schadorganismen, Abwehr oder Bekämpfung von Schadorganismen, Förderung natürlicher Mechanismen zur Bekämpfung von Schadorganismen und
- Maßnahmen zum Schutz vor sowie zur Abwehr von Gefahren, die durch die Anwendung, das Lagern und den sonstigen Umgang mit Pflanzenschutzmitteln entstehen können.

Das Bundesministerium für Ernährung, Landwirtschaft und Verbraucherschutz erstellt Grundsätze für die Durchführung der guten fachlichen Praxis im Pflanzenschutz und gibt diese im Bundesanzeiger bekannt.

Zulassung
Pflanzenschutzmittel dürfen nur in den Verkehr gebracht und angewendet werden, wenn sie vom Bundesamt für Verbraucherschutz und Lebensmittelsicherheit (BVL) zugelassen sind.

Die EU-Verordnung über das Inverkehrbringen von Pflanzenschutzmitteln schreibt für alle Mitgliedstaaten einheitliche Anforderungen und Bedingungen für die Prüfung und Genehmigung von Wirkstoffen, Safener, Synergisten und Beistoffen vor. Auf dieser Basis erfolgt dann die nationale Zulassung.

Parallelhandel

Ein Pflanzenschutzmittel, das in einem anderen Mitgliedstaat zugelassen ist und mit einem in Deutschland zugelassenen Pflanzenschutzmittel übereinstimmt, darf in Deutschland nur in den Verkehr gebracht werden, wenn das Bundesamt für Verbraucherschutz und Lebensmittelsicherheit (BVL) eine Genehmigung erteilt hat.
Das BVL gibt eine Liste mit den Pflanzenschutzmitteln, für die eine Genehmigung für den Parallelhandel erteilt worden ist, sowie das jeweilige Referenzmittel im Bundesanzeiger bekannt.
Auch das innergemeinschaftliche Verbringen von Pflanzenschutzmitteln nur zur Anwendung im eigenen Betrieb der Land- oder Forstwirtschaft oder des Gartenbaus bedarf einer Genehmigung durch das Bundesamt für Verbraucherschutz und Lebensmittelsicherheit.

Anwendung von Pflanzenschutzmitteln – Indikation

Pflanzenschutzmittel dürfen einzeln oder gemischt mit anderen nur angewandt werden, wenn sie zugelassen sind, die Zulassung nicht ruht und nur

1. in den in der Zulassung festgesetzten, jeweils gültigen **Anwendungsgebieten**,
2. entsprechend den in der Zulassung festgesetzten, jeweils gültigen **Anwendungsbestimmungen**.

Die in der Gebrauchsanleitung der Pflanzenschutzmittel aufgeführten Anwendungsgebiete und Anwendungsbestimmungen sind strikt zu befolgen. Wer fahrlässig oder vorsätzlich die Vorschriften nicht einhält, begeht eine Ordnungswidrigkeit, die mit einer Geldbuße bis zu 50 000 Euro geahndet werden kann.

Erweiterung des Anwendungsgebietes

Das Bundesamt für Verbraucherschutz und Lebensmittelsicherheit (BVL) kann den Geltungsbereich einer Zulassung eines Pflanzenschutzmittels auf ein weiteres Anwendungsgebiet für eine **geringfügige Verwendung** erweitern.
Auf Landesebene kann die zuständige Behörde die Anwendung eines zugelassenen Pflanzenschutzmittels in einem anderen als mit der Zulassung festgesetzten Anwendungsgebiet genehmigen, wenn die Anwendung vorgesehen ist an Pflanzen,

- die nur in geringfügigem Umfang angebaut werden, oder
- gegen Schadorganismen, die nur in bestimmten Gebieten erhebliche Schäden verursachen und
- die vorgesehene Anwendung derjenigen in einem mit der Zulassung festgesetzten Anwendungsgebiet entspricht.

Die Erweiterung des Anwendungsgebietes durch das BVL gilt bundesweit, die der Landesbehörde nur für den Antragsteller.

Anzeigepflicht

Wer Pflanzenschutzmittel für andere – außer gelegentlicher Nachbarschaftshilfe anwenden oder zu gewerblichen Zwecken andere über den Pflanzenschutz beraten will, hat dies der zuständigen Behörde vor Aufnahme der Tätigkeit anzuzeigen.
Auch wer Pflanzenschutzmittel zu gewerblichen Zwecken oder im Rahmen sonstiger Unternehmungen in den Verkehr bringen will, hat dies der für den Betriebssitz zuständigen Behörde vor Aufnahme der Tätigkeit anzuzeigen.

Freilandflächen (Nichtkulturland)

Pflanzenschutzmittel dürfen nicht auf befestigten Freilandflächen und nicht auf Freilandflächen, die weder landwirtschaftlich noch forstwirtschaftlich oder gärtnerisch genutzt werden, angewendet werden. An Nutzflächen angrenzende Feldraine, Böschungen und Wege dürfen nicht behandelt werden.
Ausdrücklich verboten ist die Anwendung von Pflanzenschutzmitteln in oder unmittelbar an oberirdischen Gewässern.
Die zuständige Behörde kann unter bestimmten Voraussetzungen Ausnahmen von diesen Verboten genehmigen, wenn der angestrebte Zweck vordringlich ist und mit zumutbarem Aufwand auf andere Weise nicht erzielt werden kann und öffentliche Interessen, insbesondere der Schutz der Gesundheit von Mensch und Tier oder des Naturhaushaltes, nicht entgegenstehen.

Flächen, die für die Allgemeinheit bestimmt sind

Zu Flächen, die für die Allgemeinheit bestimmt sind, gehören insbesondere öffentliche Parks und Gärten, Grünanlagen in öffentlich zugänglichen Gebäuden, öffentlich zugängliche Sportplätze einschließlich Golfplätze, Schul- und Kindergartengelände, Spielplätze, Friedhöfe sowie Flächen in unmittelbarer Nähe von Einrichtungen des Gesundheitswesens.
Auf diesen Flächen darf nur ein zugelassenes Pflanzenschutzmittel eingesetzt werden,

1. das als Pflanzenschutzmittel mit geringem Risiko zugelassen ist,
2. für das vom Bundesamt für Verbraucherschutz und Lebensmittelsicherheit die Eignung für die Anwendung festgestellt oder genehmigt worden ist.

Das Bundesamt für Verbraucherschutz und Lebensmittelsicherheit veröffentlicht eine Liste der Pflanzenschutzmittel, für die eine Genehmigung erteilt wurde.

Haus- und Kleingartenbereich

In diesem Bereich dürfen nur Pflanzenschutzmittel angewendet werden, die

1. für die Anwendung durch nichtberufliche Anwender zugelassen sind oder
2. für berufliche Anwender zugelassen sind und für die das Bundesamt für Verbraucherschutz und Lebensmittelsicherheit die Eignung zur Anwendung im Haus- und Kleingartenbereich festgestellt hat.

Einsatz von Luftfahrzeugen

Die Anwendung von Pflanzenschutzmitteln mit Luftfahrzeugen **ohne Genehmigung ist verboten**. Die zuständige Behörde kann auf Antrag eine Genehmigung erteilen zur Bekämpfung von Schadorganismen im Weinbau in Steillagen und im Kronenbereich von Wäldern.
Sie verbindet die Genehmigung mit den Auflagen, die erforderlich sind, um eine bestimmungsgemäße und sachgerechte Anwendung einschließlich des Schutzes von Wohngebieten sicherzustellen.

Anwendung von Pflanzenschutzmitteln zu Versuchszwecken

Ein nicht zugelassenes Pflanzenschutzmittel darf zu Versuchszwecken nur innergemeinschaftlich verbracht, in Verkehr gebracht oder auf Freilandflächen angewandt werden, wenn das Bundesamt für Verbraucherschutz und Lebensmittelsicherheit dies genehmigt hat. Auch für Versuche mit zugelassenen Pflanzenschutzmitteln bei nicht zugelassenen Anwendungsgebieten einschließlich der Anwendung mit Luftfahrzeugen oder entgegen den mit der Zulassung festgelegten Anwendungsbestimmungen ist eine Genehmigung erforderlich.
Eine Genehmigung ist nicht erforderlich für Versuche, die durch die zuständigen Behörden der Länder oder das Julius Kühn-Institut (JKI) oder in deren Auftrag durchgeführt werden.
Die Versuche dürfen nur so durchgeführt werden, dass keine schädlichen Auswirkungen auf die Gesundheit von Mensch und Tier oder auf das Grundwasser sowie keine sonstigen nicht vertretbaren Auswirkungen, insbesondere auf den Naturhaushalt, zu erwarten sind.
Wer Versuche mit nicht zugelassenen Pflanzenschutzmitteln durchführen will, hat dies der zuständigen Behörde des jeweiligen Landes vor Aufnahme der Tätigkeit unter Angabe des Versuchsstandortes anzuzeigen.

Mit Pflanzenschutzmitteln behandeltes Saatgut, Pflanzgut oder Kultursubstrat

Das für die Behandlung verwendete Pflanzenschutzmittel muss in Deutschland oder einem anderen Mitgliedstaat zugelassen sein und eine nach der EU-Zulassungsverordnung **besondere Kennzeichnung** aufweisen.
Ruht die Zulassung für ein in Deutschland zugelassenes Pflanzenschutzmittel oder wird eine Zulassung widerrufen, darf auch Saatgut, Pflanzgut oder Kultursubstrat, das mit dem Pflanzenschutzmittel oder einem Pflanzenschutzmittel, das den gleichen Wirkstoff enthält, nicht mehr in den Verkehr gebracht werden.
Saatgut, Pflanzgut oder Kultursubstrat, das mit Pflanzenschutzmitteln behandelt wurde, darf nur ausgebracht oder verwendet werden, wenn es zu diesem Zeitpunkt rechtmäßig in den Verkehr gebracht werden darf oder für das verwendete Pflanzenschutzmittel noch eine Aufbrauchfrist besteht.

Aufzeichnungspflicht

Mit der EU-Zulassungsverordnung wurden die Aufzeichnungspflichten erheblich erweitert. Aufzeichnungspflichtig sind danach Hersteller, Lieferanten, Händler,

Einführer und Ausführer von Pflanzenschutzmitteln sowie alle beruflichen Anwender von Pflanzenschutzmitteln. Die Aufzeichnungen können wie bisher **elektronisch oder schriftlich** geführt werden. Berufliche Anwender müssen die Aufzeichnungen **mindestens drei Jahre aufbewahren**.
Hersteller, Lieferanten, Händler, Einführer und Ausführer von Pflanzenmitteln müssen Aufzeichnungen über die Pflanzenschutzmittel, die sie herstellen, einführen, ausführen, lagern oder in Verkehr bringen über **mindestens fünf Jahre bereithalten**.
Bei der Anwendung von Pflanzenschutzmitteln sind aufzuzeichnen:
Die Bezeichnung des Pflanzenschutzmittels, der Zeitpunkt der Anwendung, die verwendete Menge, die behandelte Fläche und die Kulturpflanze (oder das Pflanzenerzeugnis).
Für die Überwachung der Anwendung ist auch die Angabe des jeweiligen Anwenders erforderlich. Entsprechend der bisherigen Regelung sind die Leiter landwirtschaftlicher, forstwirtschaftlicher oder gärtnerischer Betriebe verpflichtet, die Aufzeichnungen zusammenzuführen, wenn z. B. verschiedene Lohnunternehmer beauftragt werden.

Pflanzenstärkungsmittel

Ein Pflanzenstärkungsmittel darf nur in den Verkehr gebracht werden, wenn es bei bestimmungsgemäßer und sachgerechter Anwendung oder als Folge einer solchen Anwendung keine schädlichen Auswirkungen auf die Gesundheit von Mensch und Tier und auf das Grundwasser und den Naturhaushalt hat.
Auf den Behältnissen und abgabefertigen Packungen oder Verpackungsbeilagen muss in deutscher Sprache neben „Pflanzenstärkungsmittel“, die Bezeichnung des Pflanzenstärkungsmittels, Name und Anschrift desjenigen, der es erstmals in den Verkehr bringt, und die Gebrauchsanleitung angegeben sein.

Aufbrauchfrist, Abverkauf und Rückgabe von Pflanzenschutzmitteln

Pflanzenschutzmittel, deren Zulassung vor dem 14. Juni 2011 endete, dürfen nach Ende der Zulassung nicht mehr in den Verkehr gebracht werden. Sie dürfen nach dem Ende ihrer Zulassung noch bis zum Ablauf des zweiten Jahres auf das Ende der Zulassung folgenden Jahres angewendet werden.
Ein Pflanzenschutzmittel, dessen Zulassung durch Zeitablauf oder durch Widerruf auf Antrag des Zulassungsinhabers nach dem 13. Juni 2011 beendet ist, darf noch innerhalb eines Zeitraums von 18 Monaten, gerechnet ab dem Tag des Endes der Zulassung, angewendet werden. Es darf noch innerhalb eines Zeitraums von sechs Monaten in den Verkehr gebracht werden, wenn es sich zum Zeitpunkt des Endes der Zulassung bereits im freien Verkehr befunden hat.
Nach Beendigung der Zulassung eines Pflanzenschutzmittels ist dessen Rückgabe an den Zulassungsinhaber, den Einführer oder an einen von diesen benannten Dritten zulässig. Die Rückgabe gilt nicht als Inverkehrbringen.

Pflanzenschutzgeräte

Pflanzenschutzgeräte müssen so beschaffen sein, dass bei einer bestimmungsgemäßen und sachgerechten Verwendung keine schädlichen Auswirkungen auf die Gesundheit von Mensch und Tier und auf das Grundwasser sowie keine sonstigen nicht vertretbaren Auswirkungen, insbesondere auf den Naturhaushalt entstehen, die nach dem Stand der Technik vermeidbar sind.
Werden mit der Zulassung eines Pflanzenschutzmittels besondere Anforderungen für die zu verwendenden Pflanzenschutzgeräte festgelegt, darf die Anwendung nur mit Pflanzenschutzgeräten erfolgen, bei denen das Julius Kühn-Institut oder eine anerkannte Prüfstelle die Einhaltung der Anforderungen, insbesondere hinsichtlich der Verminderung der Abdrift oder des Verbrauchs von Pflanzenschutzmitteln, festgestellt hat.
Für im Gebrauch befindliche Pflanzenschutzgeräte verlangt der Gesetzgeber eine **regelmäßige Gerätekontrolle**, bei der im **Abstand von drei Jahren** die Funktionsfähigkeit aller wichtigen Geräteteile geprüft wird. Geräte ohne gültige **Prüfplakette** dürfen nicht eingesetzt werden.
Bis zum 31. Dezember 2020 müssen erstmals und dann jeweils im Abstand von drei Jahren auch stationäre und mobile Beizgeräte, Granulatstreugeräte, Schlepper getragene oder von einer Person geschobene oder gezogene Streichgeräte sowie Bodenentseuchungsgeräte geprüft werden. Nebelgeräte müssen erstmals bis zum 26. November 2016 und dann im Abstand von drei Jahren geprüft werden.
Nicht geprüft werden müssen handgehaltene sowie schulter- und rückentragbare Pflanzenschutzgeräte wie z.B Sprühflaschen, Druckspeicherspritzen, Streichgeräte oder Rotationszerstäuber, handbetätigte Rückenspritzgeräte oder motorbetriebene Rückenspritz-oder -sprühgeräte, Schlauchspritzgeräte und Karrenspritzen.

Bußgeld- und Strafvorschriften

Die Bußgeldvorschriften wurden mit dem neuen Pflanzenschutzgesetz verschärft. Das betrifft den Gebrauch von Pflanzenschutzgeräten, Versuche mit nichtzugelassenen Pflanzenschutzmitteln, die Anwendung von Pflanzenschutzmitteln im Haus- und Kleingarten, das Inverkehrbringen von Pflanzenstärkungsmitteln und die Nichteinhaltung von Vorschriften zum Parallelimport von Pflanzenschutzmitteln.
Das Anwenden, das Inverkehrbringen, die Einfuhr oder das innergemeinschaftliche Verbringen eines Pflanzenschutzmittels, das einen Wirkstoff enthält, der nach der Anwendungsverordnung einem vollständigen Anwendungsverbot unterliegt, ist unter Strafe gestellt und kann mit Freiheits- oder Geldstrafe geahndet werden. Auch das Fälschen und die irreführende Kennzeichnung von Pflanzenschutzmitteln sind unter Strafe gestellt.

3.1.4 Pflanzenschutz-Anwendungsverordnung

In den Anlagen zu dieser Verordnung sind alle Stoffe ausgewiesen, deren Anwendung als Pflanzenschutzmittel

- einem vollständigen Anwendungsverbot,
- einem eingeschränkten Anwendungsverbot,
- Anwendungsbeschränkungen oder
- besonderen Abgabebedingungen

unterliegt.

Eingeschränkte Anwendungsverbote können z. B. in bestimmten Kulturen, zu bestimmten Zeiten, bei bestimmten Indikationen gelten.

Anwendungsbeschränkungen gelten z. B. für Wasserschutzgebiete, Heilquellenschutzgebiete, Naturschutzgebiete, Nationalparks, Naturdenkmäler, landesrechtlich besonders geschützte Biotope und bestimmte Oberflächen von Nichtkulturland.

Besondere Abgabebedingungen gelten für bestimmte Wirkstoffe, die auf Nichtkulturflächen angewendet werden sollen.

Dem Verkäufer muss vor der Abgabe des Pflanzenschutzmittels vom Kunden eine Genehmigung zur Anwendung vorgelegt werden.

3.1.5 Bienenschutzverordnung

Diese Verordnung besagt, dass

- bienengefährliche Pflanzenschutzmittel im Umkreis von 60 m zu Bienenständen innerhalb des täglichen Bienenflugs nur mit Zustimmung des Imkers ausgebracht werden dürfen,
- bienengefährliche Pflanzenschutzmittel nicht angewandt werden dürfen
  - an blühenden Pflanzen,
  - an Pflanzen, die von Bienen angeflogen werden (z. B. bei vorhandenem Honigtau),
  - wenn blühende Pflanzen mitgetroffen werden können (Unkräuter!).

  Eine Pflanze gilt dann als blühend, sobald sich die erste Blüte geöffnet hat (siehe auch Seite 93ff).

3.1.6 Pflanzenschutzmittelverordnung

Diese Verordnung regelt u. a. das Verfahren für

- die Zulassung von Pflanzenschutzmitteln,
- die Ausweitung der Zulassung für geringfügige Verwendung,
- die Genehmigung von Pflanzenschutzmitteln auf Flächen, die für die Allgemeinheit bestimmt sind,
- die Genehmigung für den Parallelhandel,
- die Genehmigung des innergemeinschaftlichen Verbringens von Pflanzenschutzmitteln für den Eigenbedarf,

- die Genehmigung von Zusatzstoffen,
- die Mitteilung über das Inverkehrbringen von Pflanzenschutzmitteln und
- die amtliche Anerkennung von Versuchseinrichtungen.

3.1.7 Pflanzenschutzgeräteverordnung

Diese Verordnung regelt
- die Anforderungen an Pflanzenschutzgeräte,
- die freiwillige Prüfung von Neugeräten,
- die Anerkennung einer Prüfstelle und
- die regelmäßige Gerätekontrolle.

3.2 Lebensmittelrecht

3.2.1 Rückstands-Höchstgehalteverordnung

Rückstands-Höchstgehalte sind Grenzwerte für Rückstände in Lebensmitteln und Futtermitteln, die jeweils für Kombinationen von Wirkstoffen und Erzeugnissen festgelegt werden. Die Verordnung hat unmittelbare Geltung in den Mitgliedstaaten der EU.
Sie verfolgt das Ziel, den Verbraucher vor gesundheitsschädigenden Rückständen von Pflanzenschutzmittelwirkstoffen in und auf den Nahrungsmitteln zu schützen und legt hierzu die maximal zulässigen Mengen an Rückständen fest (siehe auch Seite 78 ff).

3.2.2 Trinkwasserverordnung

Wasser ist das wichtigste Lebensmittel, das es im besonderen Maße zu schützen gilt. Im Trinkwasser dürfen festgesetzte Grenzwerte für chemische Stoffe nicht überschritten werden. Für organisch-chemische Pflanzenschutzmittelwirkstoffe einschließlich ihrer Hauptabbauprodukte liegt der **Grenzwert** für einen einzelnen Wirkstoff bei 0,0001 mg/l und für die Summe aller Wirkstoffe bei 0,0005 mg/l.

3.3 Wasserrecht

Mit der **EU-Wasser-Rahmenrichtlinie** setzte die EU einen umfassenden, europaweit wirkenden Ordnungsrahmen für den Schutz der Gewässer.
Gemäß **Wasserhaushaltsgesetz** können Gewässer und das Grundwasser vor nachteiligen Einwirkungen durch die Ausweisung von **Wasserschutzgebieten** geschützt werden, so weit es das Wohl der Allgemeinheit erfordert.
In den Wasserschutzgebieten können bestimmte Handlungen verboten oder für beschränkt zulässig erklärt werden. Eigentümer und Besitzer von Grundstücken können zur Duldung bestimmter Maßnahmen verpflichtet werden (siehe auch Seite 88 ff).

Im Sinne der **Grundwasserverordnung** ist der chemische Grundwasserzustand als gut einzustufen, wenn unter anderem ein Wirkstoff von Pflanzenschutzmitteln den Schwellenwert 0,0001 mg/l und die Summe aller Wirkstoffe 0,0005 mg/l nicht überschreitet.
In der **Oberflächenwasserverordnung** sind Umweltqualitätsnormen für verschiedene Stoffe, zum Beispiel für einige Wirkstoffe von Pflanzenschutzmitteln festgelegt, nach denen der chemische Zustand als gut oder nicht gut einzustufen ist.

3.4 Chemikalienrecht

Ziel des Chemikaliengesetzes ist es unter anderem, den Menschen und die Umwelt vor schädlichen Einwirkungen gefährlicher Stoffe und Zubereitungen zu schützen.

3.4.1 Gefahrstoffverordnung

Sie regelt Einzelheiten des Chemikalien-Gesetzes und zielt darauf ab, durch Regelungen über die Einstufung, Kennzeichnung, Verpackung und das Inverkehrbringen von gefährlichen Stoffen, Zubereitungen und bestimmten Erzeugnissen und den Umgang mit Gefahrstoffen den Menschen vor arbeitsbedingten und sonstigen Gesundheitsgefahren und die Umwelt vor stoffbedingten Schädigungen zu schützen.
Gefährliche Stoffe und Zubereitungen sind Stoffe oder Zubereitungen, die sehr giftig, giftig, gesundheitsschädlich, ätzend, reizend, sensibilisierend, Krebs erzeugend, die Fortpflanzung gefährdend, Erbgut verändernd, umweltgefährlich oder entzündlich sind.
Die **Kennzeichnung** gefährlicher Stoffe und Zubereitungen muss auf der Verpackung haltbar angegeben und in deutscher Sprache abgefasst sein.
Sehr giftige und giftige Zubereitungen als Pflanzenschutzmittel müssen einen abschreckenden Geschmack oder Geruch aufweisen. Als Fraß- und Kontaktgifte zur Nagetierbekämpfung müssen sie auffallend und dauerhaft so gefärbt sein, dass sie nicht mit Lebens- oder Futtermitteln verwechselt werden können.

3.4.2 Chemikalien-Verbotsverordnung

Sie regelt das Inverkehrbringen gefährlicher Stoffe und Zubereitungen, die Erlaubnis- und Anzeigepflicht beim Inverkehrbringen, Informations- und Aufzeichnungspflichten bei der Abgabe sowie die Erfordernis der Sachkunde nach dieser Verordnung.
Wer sehr giftige und giftige Stoffe und Zubereitungen in den Verkehr bringen will, bedarf der Zustimmung der zuständigen Behörde. Sie wird in der Regel von der Kreis- bzw. Bezirksverwaltung erteilt. Voraussetzung für die Erteilung sind der **Nachweis der Sachkunde**, die **Zuverlässigkeit** (polizeiliches Führungszeugnis) und ein **Mindestalter** von 18 Jahren.

Für die Abgabe von giftigen (T) und sehr giftigen (T+) Pflanzenschutzmitteln muss der Abgeber entweder die Sachkunde nach der Sachkundeverordnung oder die eingeschränkte Sachkunde nach der Chemikalien-Verbotsverordnung nachweisen können.

➔ **Überprüfen Sie Ihr Wissen mit den Fragen 301–339 des Fragenkataloges.**

4 Zulassung, Genehmigung und Kennzeichnung von Pflanzenschutzmitteln

Chemische Pflanzenschutzmittel gehören zu den **bestuntersuchten Stoffen.** Für die Entwicklung eines neuen Mittels werden zahlreiche Versuche und Untersuchungen im Labor, im Gewächshaus und im Freiland durchgeführt. Hinzu kommen sehr aufwändige und teure Prüfungen hinsichtlich der Giftigkeit für Mensch und Tier und den Naturhaushalt. Von der Erstsynthese des Wirkstoffes bis zu seiner Markteinführung vergehen in der Regel 10 Jahre. Von den jährlich über 100 000 erzeugten Ausgangssubstanzen haben bestenfalls ein bis zwei eine Chance, als Pflanzenschutzmittel auf den Markt zu kommen. Die Entwicklungskosten für ein Pflanzenschutzmittel belaufen sich auf etwa 200 Mio. Euro.

Nach dem Pflanzenschutzgesetz darf ein Pflanzenschutzmittel in Deutschland nur dann vertrieben, gehandelt und angewendet werden, wenn es amtlich zugelassen ist. Pflanzenschutzmittel dürfen nur in den bei der Zulassung **festgesetzten Anwendungsgebieten** eingesetzt werden. Für Kulturen mit einem nur geringen Anbauumfang streben die Hersteller aus wirtschaftlichen Gründen häufig keine Zulassung an. Damit entstehen bei solchen Kulturen **Indikationslücken**, d. h. für dort auftretende Schaderreger sind keine Pflanzenschutzmittel zugelassen.

In derartigen Fällen kann beim Bundesamt für Verbraucherschutz und Lebensmittelsicherheit (BVL) für zugelassene Pflanzenschutzmittel ein Antrag auf **Erweiterung der Zulassung** gestellt werden.

Die Zulassungserweiterung wird erteilt, wenn für die Anwendung ein öffentliches Interesse besteht, die erforderlichen Angaben und Unterlagen vorgelegt werden, die Wirksamkeit gegeben ist und bei sachgerechter Anwendung keine nicht vertretbaren Auswirkungen auf die zu schützenden Pflanzen und Pflanzenerzeugnisse zu erwarten sind. Derartige Zulassungserweiterungen werden im Bundesanzeiger veröffentlicht und gelten bundesweit.

Soweit im Einzelfall Schaderreger bei Kleinstkulturen (Anbauumfang in Deutschland unter 600 ha) bekämpft werden müssen, für die in der Zulassung kein entsprechendes Anwendungsgebiet ausgewiesen ist, können die zuständigen Länderbehörden auf Antrag eine **Anwendungsgenehmigung** für ein bestimmtes Pflanzenschutzmittel erteilen. Diese Genehmigung gilt nur für den Einzelfall, d. h. nur für den Antragsteller.

4.1 Gang der Zulassung eines Pflanzenschutzmittels

Der Hersteller oder Importeur, der ein neues Pflanzenschutzmittel erstmals in Deutschland vertreiben will, muss beim Bundesamt für Verbraucherschutz und Lebensmittelsicherheit einen **Antrag auf Zulassung** stellen.

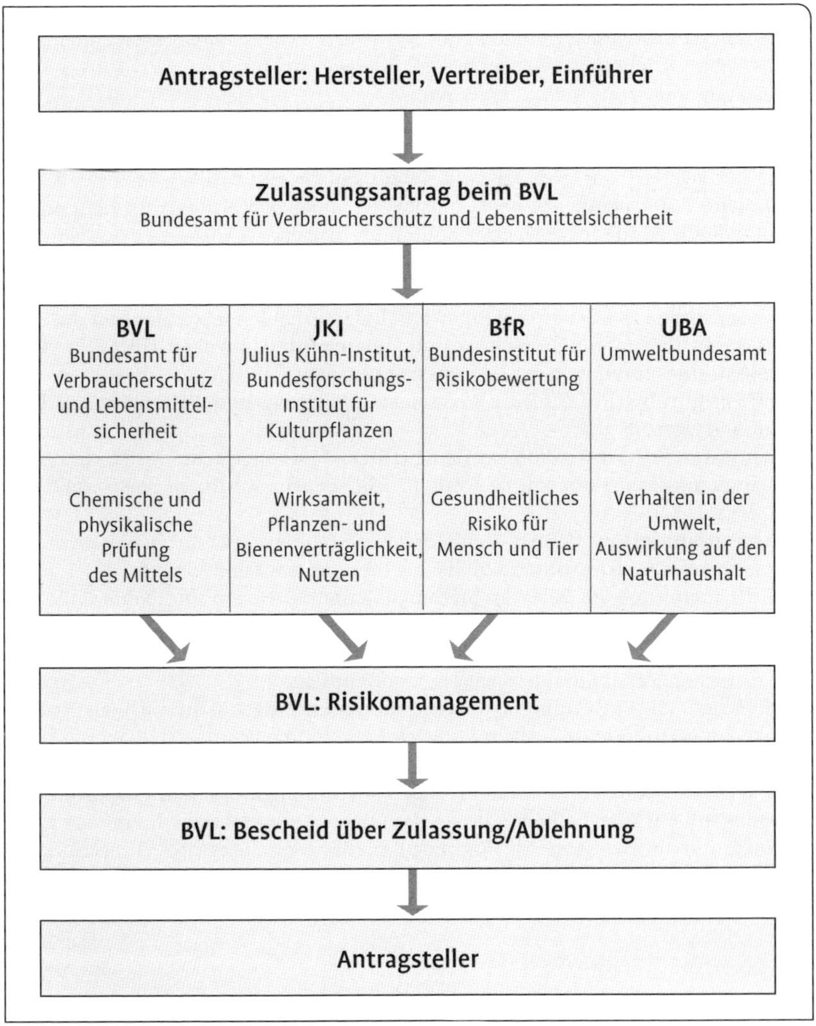

Abb. 7. Ablauf des Zulassungsverfahrens

Ein Pflanzenschutzmittel wird in den einzelnen Mitgliedstaaten nur zugelassen, wenn die darin enthaltenen Wirkstoffe in einem in der EU-Verordnung über das Inverkehrbringen von Pflanzenschutzmitteln vorgeschriebenen **Prüfverfahren** als für Pflanzenschutzmittel geeignet genehmigt worden sind. Diese Prüfung wird aus Effizienzgründen jeweils von einem Mitgliedstaat durchgeführt.
Für diese Prüfung sind **Untersuchungsbefunde** vorzulegen über
- die Giftigkeit für Mensch und Tier,
- das Rückstandsverhalten in der Pflanze sowie in Lebens- und Futtermitteln,
- das Abbauverhalten in Pflanze, Boden, Wasser und Luft,
- das Versickerungsverhalten im Boden,
- die biologische Wirksamkeit gegenüber dem Schaderreger,
- die Verträglichkeit gegenüber Kulturpflanzen,
- die Auswirkung auf Gewässer- und Nutzorganismen und
- spezielle Untersuchungsbefunde hinsichtlich möglicher krebserregender, erbgutverändernder oder gewebeverändernder Risiken.

Eine positive Bewertung des Wirkstoffes bildet die Grundlage für die nationalen Zulassungen in den Mitgliedstaaten.
Zuständig für die Zulassung von Pflanzenschutzmitteln in Deutschland ist das **Bundesamt für Verbraucherschutz und Lebensmittelsicherheit (BVL).** Es verteilt die Antragsunterlagen an die Bewertungsstellen
- **Julius Kühn-Institutut (JKI)**: Wirksamkeit, Pflanzen- und Bienenverträglichkeit und Nutzen,
- **Bundesinstitut für Risikobewertung (BfR)**: Gesundheitliches Risiko für Mensch und Tier, Vermeidung gesundheitlicher Schäden durch Belastung des Bodens und
- **Umweltbundesamt (UBA)**: Vermeiden von Schäden durch Belastung des Naturhaushalts sowie durch Abfälle des Pflanzenschutzmittels.

Das BVL übernimmt auf Basis der Stellungnahmen der Bewertungsbehörden das **Risikomanagement** und erstellt dann den endgültigen Bescheid über die Zulassung oder Ablehnung des Mittels. Die Zulassung wird in der Regel für **zehn Jahre** ausgesprochen und im Bundesanzeiger veröffentlicht.
Das BVL setzt die **Anwendungsgebiete** und **Anwendungsbestimmungen** für das Pflanzenschutzmittel fest. Es ist ferner zuständig für die gegenseitige Anerkennung, Erneuerung, Aufhebung, Änderung oder Erweiterung einer Zulassung.
Das BVL veröffentlicht eine beschreibende **Liste der zugelassenen Pflanzenschutzmittel** mit Angaben über die für die Anwendung wichtigen Merkmale und Eigenschaften, insbesondere die Eignung der Pflanzenschutzmittel für bestimmte Anwendungsgebiete, Boden- und Klimaverhältnisse und die Anwendung im Haus- und Kleingartenbereich sowie den Zeitpunkt, an dem die Zulassung endet.

4.2 Informationen auf der Packung und in der Gebrauchsanleitung

Der **Käufer** von Pflanzenschutzmitteln muss die **Sicherheit** haben, nur amtlich zugelassene Präparate zu bekommen. Er kann diese Tatsache an bestimmten Bestandteilen der **Gebrauchsanleitung** erkennen, die der Packung aufgedruckt bzw. beigelegt ist (siehe Abb. 8).
Bestandteile der Gebrauchsanleitung sind:

- **Handelsname** des Präparates.
- **Wirkstoffname** mit Angabe der **Konzentration** (Gramm [g] oder Milliliter [ml] Wirkstoff pro l oder kg Handelsprodukt).

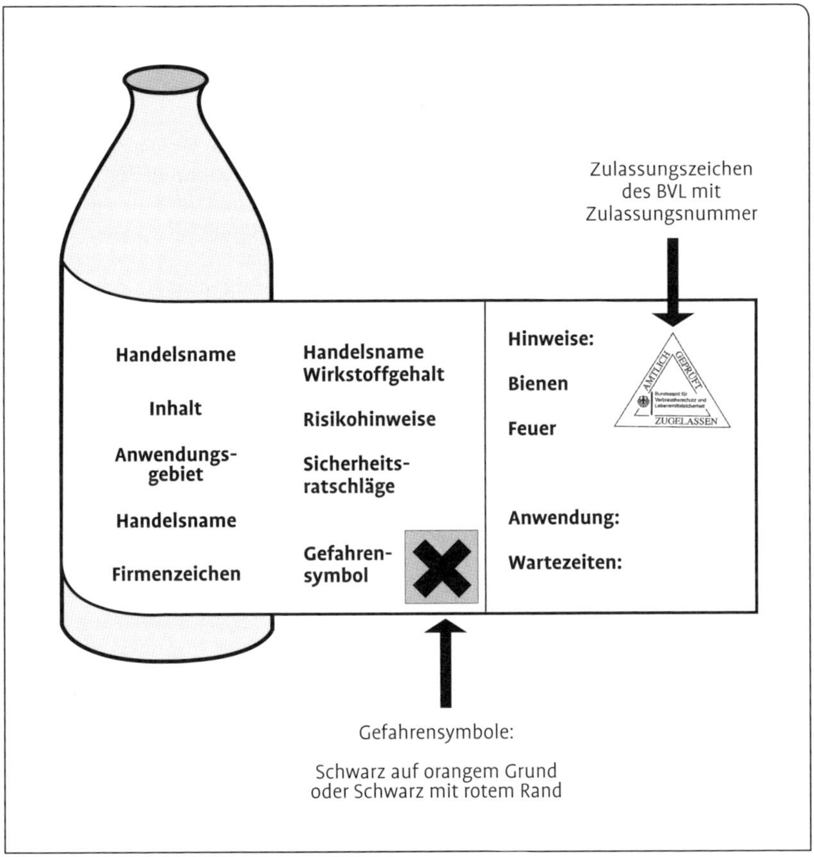

Abb. 8. Bestandteile der Gebrauchsanleitung

Abb. 9. Zulassungszeichen des BVL

- **Zulassungszeichen** des BVL: Dieses Zeichen (siehe Abb. 9) darf einem Präparat nur verliehen werden, das in allen geforderten Prüfungen die gestellten Anforderungen erfüllt hat und als zulassungsfähig bewertet wird.
- **Zulassungsnummer:** Unter dem Dreieck befindet sich eine Nummer, mit der dieses Präparat beim BVL in der Liste der zugelassenen Präparate registriert ist.
- **Festgesetzte Anwendungsgebiete:** Mit der Zulassung legt die Zulassungsbehörde die Anwendungsgebiete für ein Pflanzenschutzmittel fest. Das Gesetz versteht unter Anwendungsgebiet „bestimmte Pflanzen, Pflanzenarten oder Pflanzenerzeugnisse zusammen mit denjenigen Schadorganismen, gegen die Pflanzen oder Pflanzenerzeugnisse geschützt werden sollen oder den sonstigen Zweck, zu dem das Pflanzenschutzmittel angewandt werden soll“.
  Beispiel: Ridomil Gold Combi gegen Falschen Mehltau an Kopfsalat oder SWITCH gegen Grauschimmel an Erdbeeren.
- **Festgesetzte Anwendungsbestimmungen**
  Die Zulassungsbehörde (BVL) setzt die zum Schutz der Gesundheit von Mensch und Tier und die zum Schutz vor sonstigen schädlichen Auswirkungen, insbesondere auf den Naturhaushalt, erforderlichen Anwendungsbestimmungen fest. Von besonderer Bedeutung sind dabei die Anwendungsbestimmungen zum Schutz des Grund- und Oberflächenwassers, der Wasserorganismen und der sog. Nichtzielorganismen.
  Beispiele:
  - **Anwendungszeitpunkt**
    „Keine Anwendung auf gedränten Flächen zwischen dem 1. Juni und dem 1. März“.
  - **Bodenart**
    „Keine Anwendung auf Böden mit einem mittleren Tongehalt größer/gleich 30 %“.
  - **Abstand zu Oberflächengewässern**
    „Zwischen der behandelten Fläche und einem Oberflächengewässer muss ein Mindestabstand von 20 m eingehalten werden“.

- **Schutz von Nichtzielorganismen**
  „Die Anwendung des Mittels muss in einer Breite von mindestens 20 m zu angrenzenden Flächen (ausgenommen landwirtschaftlich oder gärtnerisch genutzte Flächen, Straßen, Wege und Plätze) mit einem verlustmindernden Gerät erfolgen.
  Der Einsatz verlustmindernder Technik ist nicht erforderlich, wenn die Anwendung in einem Gebiet erfolgt, das über einen ausreichenden Anteil an Kleinstrukturen verfügt".

Kennzeichnung ab 2008
roter Rand

Kennzeichnung bis 2017
noch erlaubt
schwarz auf orangem Grund

Tödliche Vergiftung
Produkte können selbst in kleinen Mengen auf der Haut, durch Einatmen oder Verschlucken zu schweren oder gar tödlichen Vergiftungen führen. Die meisten dieser Produkte sind Verbrauchern nur eingeschränkt zugänglich. Lassen Sie keinen direkten Kontakt zu.

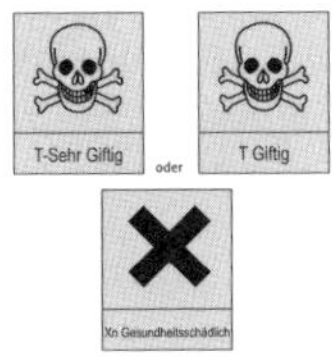

Schwerer Gesundheitsschaden,
bei Kindern möglicherweise mit Todesfolge
Produkte können schwere Gesundheitsschäden verursachen. Dieses Symbol warnt vor einer Gefährdung der Schwangerschaft, einer krebserzeugenden Wirkung und ähnlich schweren Gesundheitsrisiken. Produkte sind mit Vorsicht zu benutzen.

Zerstörung von Haut oder Augen
Produkte können bereits nach kurzem Kontakt Hautflächen mit Narbenbildung schädigen oder in den Augen zu dauerhaften Sehstörungen führen. Schützen Sie beim Gebrauch Haut und Augen!

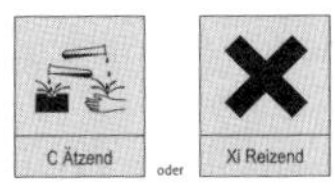

Gesundheitsgefährdung
Vor allen Gefahren, die in kleinen Mengen nicht zum Tod oder einem schweren Gesundheitsschaden führen, wird so gewarnt. Hierzu gehört die Reizung der Haut oder die Auslösung einer Allergie. Das Symbol wird aber auch als Warnung vor anderen Gefahren, wie der Entzündbarkeit genutzt.

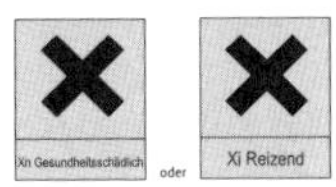

Gefährlich für Tiere und Umwelt
Produkte können in der Umwelt kurz- oder langfristig Schäden verursachen. Sie können kleine Tiere (Wasserflöhe und Fische) töten oder auch längerfristig in der Umwelt schädlich wirken. Keinesfalls ins Abwasser oder den Hausmüll schütten!

Entzündet sich schnell
Produkte entzünden sich schnell in der Nähe von Hitze oder Flammen. Sprays mit dieser Kennzeichnung dürfen keineswegs auf heiße Oberflächen oder in der Nähe offener Flammen versprüht werden.

Abb. 10. Gefahrensymbole und Gefahrenbezeichnungen

Ein Verstoß gegen die bei der Zulassung festgesetzten und in der Gebrauchsanleitung abgedruckten Anwendungsbestimmungen stellt eine Ordnungswidrigkeit dar, die mit Bußgeld bis zu 50.000,– Euro geahndet werden kann.

- **Gefahrensymbole:** Pflanzenschutzmittel haben die Aufgabe, Schadorganismen abzutöten. Sie müssen deshalb für diese giftig wirken. Das heißt aber nicht, dass jedes Pflanzenschutzmittel auch für Warmblüter (Mensch und Säugetier) ebenfalls als Gift zu betrachten ist. Um dem Anwender von Pflanzenschutzmitteln sofort unmissverständliche Hinweise auf deren Gefährlichkeit zu geben, sind die Präparate mit Gefahrensymbolen versehen (siehe Abb. 10).
  Diese Einstufung bezieht sich auf die Gefährlichkeit des unverdünnten Originalmittels. Da aber jedes Pflanzenschutzmittel – auch ein ungiftiges, das keinerlei Symbol trägt – als Fremdstoff zu betrachten ist, sollte jegliche Berührung damit auf ein unvermeidbares Minimum beschränkt werden.
  Pflanzenschutzmittelverpackungen müssen seit 2004 mit entsprechenden Gefahrensymbolen und Gefahrenbezeichnungen versehen sein.
  Das Europäische Parlament hat 2008 eine Verordnung zur Einstufung, Kennzeichnung und Verpackung chemischer Produkte verabschiedet. Mit dieser Vorschrift werden neue Warnkennzeichen für gefährliche chemische Stoffe und Produkte eingeführt.
  Die neuen Kennzeichnungen dürfen ab 2008 genutzt werden. Den Herstellern von chemischen Produkten wurde eine Übergangsfrist für die Umstellung der Kennzeichnung eingeräumt. Damit können Pflanzenschutzmittel mit der alten Kennzeichnung noch bis 2017 im Handel sein.
- **Schutzhinweise** und **-gebote:** Hat ein Präparat im Verlauf der Zulassungsprüfung bestimmte Risiken für die Gesundheit von Mensch und Tier oder für den Naturhaushalt erkennen lassen, so sind in der Gebrauchsanleitung entweder Hinweise auf diese Risiken, Kennzeichnungsauflagen oder ausdrückliche Anwendungsverbote für bestimmte Anwendungsbereiche enthalten. Diese Hinweise werden bei besonderen Gefahren in sog. *Risikosätzen,* bei Sicherheitshinweisen in Sicherheitsratschlägen oder Auflagen zusammengefasst.
  Beispiele:
  - Aus dem Bereich **Anwenderschutz:**
    „Giftig beim Verschlucken" oder
    „Giftig bei Berührung mit der Haut" oder
    „Dicht abschließende Schutzbrille bei der Ausbringung der Mittel tragen" oder
    „Beim Ausbringen des Pflanzenschutzmittels Schutzanzug tragen" oder
    „Gewächshäuser sind nach der Anwendung des Mittels vor dem Wiederbetreten gründlich zu lüften".
  - Aus dem Bereich **Wasserschutz:**
    „Keine Anwendung auf Flächen, von denen die Gefahr einer Abschwemmung in Gewässer – insbesondere durch Regen oder Bewässerung – gegeben ist. In jedem Falle sind folgende Mindestabstände zu Oberflächengewässern einzuhalten" oder

„Mittel und dessen Reste sowie entleerte Behälter und Packungen von Gewässern fern halten".
„Das Mittel ist fischgiftig" oder
„Das Mittel ist giftig für Fischnährtiere".

- **Wartezeiten:** Für jede vorgesehene Anwendung wird bei der Zulassung eine Wartezeit festgelegt, die darüber Auskunft gibt, wie viele Tage mindestens zwischen der letzten Mittelausbringung und der Ernte bzw. frühestmöglichen Nutzung des jeweiligen Gutes vergehen müssen (siehe Kapitel Verbraucherschutz Seite 82).

Die Anwendung von Pflanzenschutzmitteln nach guter fachlicher Praxis setzt voraus, dass gegen diese Hinweise nicht verstoßen wird.
Im Rahmen von amtlichen Kontrollen wird immer wieder festgestellt, dass gefälschte und illegale Pflanzenschutzmittel zum Kauf angeboten werden. Sowohl der Handel als auch die Anwendung eines nicht den gesetzlichen Vorschriften entsprechenden Pflanzenschutzmittels ist verboten und kann mit einem Bußgeld von bis zu 50.000 Euro belegt, in bestimmten Fällen sogar als Straftat geahndet werden. Darüber hinaus können nach den Cross-Compliance Vorschriften Fördergelder gekürzt werden.
Über den tatsächlichen Inhalt von illegalen Pflanzenschutzmitteln liegen in der Regel keine gesicherten Erkenntnisse vor. Die Wirkung und die Kulturverträglichkeit können unzureichend sein. Die Risiken im Hinblick auf Anwender, Umwelt und Rückständen in den behandelten Pflanzen können nicht eingeschätzt werden. Vom Vertrieb und der Anwendung solcher Ware ist deshalb dringend abzuraten.

In der Gebrauchsanleitung sind alle Angaben zu finden, die der verantwortungsvolle Anwender von Pflanzenschutzmitteln wissen muss. Deshalb: **Gebrauchsanleitung beachten!**

➜ **Überprüfen Sie Ihr Wissen mit den Fragen 401–430.**

5 Eigenschaften, Wirkungen und Anwendungsverfahren von Pflanzenschutzmitteln

5.1 Begriffserklärungen

Pflanzenschutzmittel sind Stoffe, die dazu bestimmt sind

- Pflanzen oder Pflanzenerzeugnisse vor Schadorganismen und nichtparasitären Beeinträchtigungen zu schützen,
- die Lebensvorgänge von Pflanzen zu beeinflussen, ohne ihrer Ernährung zu dienen (Wachstumsregler),
- das Keimen von Pflanzenerzeugnissen zu hemmen.

Als Pflanzenschutzmittel gelten auch Stoffe, die dazu bestimmt sind, Pflanzen abzutöten oder das Wachstum von Pflanzen zu hemmen oder zu verhindern.

Je nach **Wirkungsbereich** lassen sich unterscheiden:

Akarizide	=	Mittel gegen Milben,
Bakterizide	=	Mittel gegen Bakterienkrankheiten,
Fungizide	=	Mittel gegen Pilzkrankheiten,
Herbizide	=	Mittel gegen Unkräuter und Ungräser,
Insektizide	=	Mittel gegen Insekten,
Molluskizide	=	Mittel gegen Schnecken,
Nematizide	=	Mittel gegen Nematoden,
Rodentizide	=	Mittel gegen Nagetiere,
Repellents	=	Abschreckungsmittel, Vergrämungsmittel,
Pheromone	=	Sexuallockstoffe, Schreckstoffe

Keine Pflanzenschutzmittel sind

- Wasser,
- Düngemittel im Sinne des Düngemittel-Gesetzes und
- Pflanzenstärkungsmittel.

Pflanzenstärkungsmittel sind Stoffe und Gemische, einschließlich Mikroorganismen, die

- ausschließlich dazu bestimmt sind, die Widerstandsfähigkeit von Pflanzen gegen Schadorganismen zu erhöhen,
- dazu bestimmt sind, Pflanzen vor nichtparasitären Beeinträchtigungen zu schützen.

5.2 Bestandteile eines Pflanzenschutzmittels

Ein Pflanzenschutzmittel besteht aus
- dem **aktiven Wirkstoff** (Angabe in % oder g/l oder g/kg),
- **Zusatzstoffen,** die den Wirkstoffen zugesetzt werden, um ihre Eigenschaft oder ihre Wirkungsweise zu verändern bzw. zu verbessern, z. B.
  - *Haftmittel* zur besseren Haftung des Spritzbelages,
  - *Netzmittel* zur besseren Benetzung bzw. Verteilung des Spritzbelages,
  - *Schaumbremser* zur Verhinderung zu starker Schaumentwicklung beim Ansetzen und Einfüllen der Spritzbrühe,
  - *Emulgatoren* zur feinen Verteilung eines öligen Mittels in Wasser,
  - *Warnfarbstoffe* bei giftigen Wirkstoffen (z. B. Giftgetreide),
  - *Lösungsmittel,*
  - *Streckmittel* zur besseren Handhabung des Mittels (oftmals 50 % und mehr des Endproduktes).

Wenn sich verschiedene Pflanzenschutzmittel bisweilen nicht mischen lassen, d. h. wenn sie ausflocken, so beruht diese Erscheinung meist auf der gegenseitigen Unverträglichkeit dieser Zusatzstoffe.
Deshalb sind stets die Angaben des Mittelherstellers über **Mischungsmöglichkeiten** zu beachten oder erprobte Mischungstabellen zu Rate zu ziehen.

5.3 Saat- und Pflanzgutbehandlung

Die Saatgutbehandlung ist der erste Schritt zur Ertragssicherung.

Tabelle 6 Saatgutbürtige Krankheitserreger des Getreides

Saat- und Auflaufkrankheiten
- Schneeschimmel
- Spelzenbräune

Erkrankung in späteren Entwicklungsstadien
- Weizensteinbrand
- Streifenkrankheit der Gerste
- Haferflugbrand
- Weizen- und Gerstenflugbrand

Blatt- und Ährenkrankheiten
- Schneeschimmel
- Fusarium-Fuß- und -Ährenkrankheiten
- Blatt- und Spelzenbräune
- Rhynchosporium-Blattfleckenkrankheit
- Netzfleckenkrankheit der Gerste
- Braunfleckenkrankheit des Hafers

Beizmittel

Saatgutbürtige Krankheiten wie Steinbrand, Zwergsteinbrand, Flugbrand, Streifenkrankheit der Gerste, Schneeschimmel können durch Beizen des Saatgutes bekämpft werden. Das Beizen richtet sich aber auch gegen Schadpilze in der Keimzone und teilweise gegen boden- und luftbürtige Krankheitserreger im Jungpflanzenstadium (z. B. Mehltau).

Saatgutpuder

Sie enthalten insektizide oder fungizide Wirkstoffe und werden z. B. gegen Drahtwurm, Brachfliege, Rapserdfloh, Moosknopfkäfer, Tipula (Larve der Wiesenschnaken) oder Auflaufkrankheiten eingesetzt.

Elektronenbehandlung

Sie stellt eine Alternative zur chemischen Beizung dar. Das Saatgut wird mit Elektronen beschossen. Dadurch werden die an der Samenoberfläche anhaftenden Krankheitserreger abgetötet.

Saatgutinkrustierung

Dieses Verfahren wird vor allem bei der Behandlung von Gemüse-, Raps-, Rüben- und Maissaatgut zur Bekämpfung tierischer Schädlinge angewandt. Mit Hilfe eines Haftmittels wird das Insektizid am Saatkorn angelagert.
Diese Behandlung kann die Fließeigenschaft des Saatgutes verändern. Deshalb muss die Drillmaschine unbedingt exakt abgedreht werden.

Saatgutpillierung

Zum Erzielen einheitlicher Korngrößen wird das Saatgut von Rüben und kleinsamigem Gemüse industriell mit einer Pillierungsmasse aus Gesteinsmehl oder anderem Material umhüllt, dem Fungizide und Insektizide beigemischt sind.

Pflanzgutbehandlung

Pflanzkartoffeln, Blumenzwiebeln, Stecklinge und Jungpflanzen können entweder durch Einpudern oder durch Nassbehandlung (Eintauchen in Lösungen mit chemischen Mitteln gegen Pilze, Bakterien oder tierische Schädlinge) geschützt werden.

Vergrämungsmittel

Zum Schutz des Saatgutes vor Vogelfraß kann eine Behandlung mit einem Vergrämungsmittel erfolgen. Sobald die Saat „spitzt“, nimmt die abschreckende Wirkung rasch ab.

5.4 Herbizide

Von allen chemischen Pflanzenschutzmaßnahmen entfällt mehr als die Hälfte auf die Unkrautbekämpfung.
Bei der Auswahl des geeigneten Mittels und seiner Anwendung ist zu beachten, dass ein Herbizid grundsätzlich nicht nur gegen Unkräuter und Ungräser wirkt, sondern bei unsachgemäßer Anwendung auch Kulturpflanzen schädigen kann.

Herbizide lassen sich einteilen
nach dem Ort ihrer *Aufnahme* in die Pflanze in
- Blattherbizide,
- Bodenherbizide,

nach ihrer *Wirkungsweise* in
- Kontaktherbizide,
- systemisch wirkende Herbizide und

nach ihrer *Wirkungsbreite* in
- nicht selektiv wirkende Mittel + Totalherbizide,
- selektiv wirkende Mittel (nur bestimmte Unkräuter oder Ungräser werden erfasst).

Blattherbizide

Die Wirkstoffe in Blattherbiziden werden vorwiegend über das Blatt aufgenommen und wirken entweder nur am Ort der Benetzung (Kontaktherbizide) oder systemisch, d. h. auch die Wurzel wird abgetötet. Die Wirkung und z. T. auch die Kulturverträglichkeit werden von Faktoren wie Temperatur, Lichtintensität, Luftfeuchtigkeit und Unkrautgröße beeinflusst.

Bodenherbizide

Bei Bodenherbiziden erfolgt die Wirkstoffaufnahme über den jungen Keimling, die Wurzel, z. T. auch über das Blatt. Entscheidend für den Bekämpfungserfolg sind ausreichende Bodenfeuchtigkeit und Berücksichtigung des Ton- und Humusgehaltes des Bodens. Zu beachten sind auch sortenspezifische Einschränkungen und eventuelle Nachbaubeschränkungen. Bodenherbizide können im Vorsaateinarbeitungs-, Vorauflauf- und Nachauflaufverfahren eingesetzt werden.
Das Anwendungsgebiet der Bodenherbizide erstreckt sich auf alle Kulturen des Ackerbaus. Auf Grund der Dauerwirkung im Boden werden auch später keimende Unkrautpflanzen erfasst.

Kontaktherbizide

Sie wirken nur am Ort der Benetzung der Pflanze und werden innerhalb der Pflanze nicht oder nur unwesentlich weitertransportiert. Die Pflanzen gehen durch Verätzung oder durch Störung des Stoffwechsels zu Grunde.
Kontaktherbizide eignen sich zur Bekämpfung von Samenunkräutern. Wurzelunkräuter werden nicht ausreichend bekämpft. Die Kontaktherbizide besitzen

eine gute Kulturpflanzenverträglichkeit und sind hinsichtlich der Schädigungsgefahr durch Abdrift weniger bedenklich. Deshalb werden sie vorzugsweise in der Nähe von wuchsstoffempfindlichen Kulturen verwendet. Haupteinsatzgebiete sind Getreide und Mais.

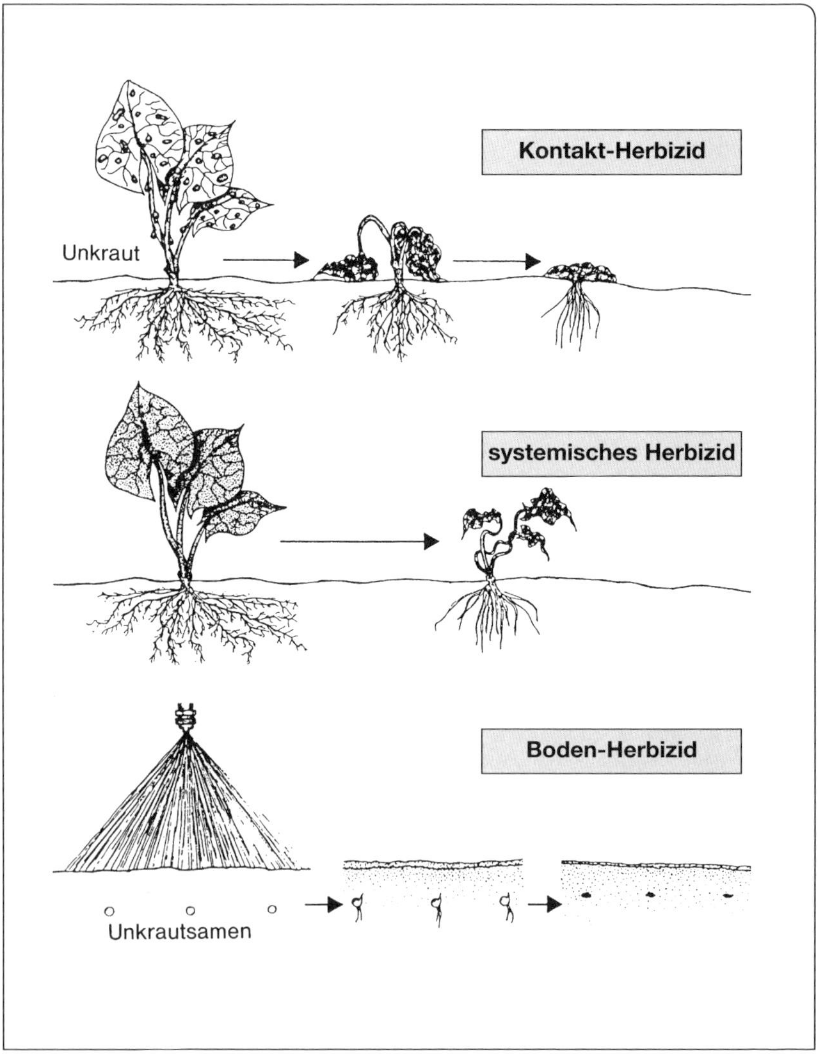

Abb. 11. Wirkungsweise von Herbiziden

Systemisch wirkende Herbizide

Nach der Aufnahme werden die Wirkstoffe im Gefäßsystem der Pflanzen verteilt. Hierdurch können auch hartnäckige Wurzelunkräuter bekämpft werden.
Diese Mittel führen zu übersteigertem Wachstum, schweren Missbildungen, Stoffwechselstörungen und schließlich zum Absterben der Unkräuter. Die Wirkstoffaufnahme erfolgt zum größten Teil über das Blatt.
Die Anwendung erfolgt ab 3- bis 4-Blatt-Stadium bis zum Ende der Bestockung des Getreides. Die teilweise sehr spezifische Wirkung erfordert vor dem Kauf der Mittel das Feststellen der im Bestand vorherrschenden Unkräuter (= Leitunkräuter).

Nicht selektiv wirkende Herbizide

Nicht selektive Herbizide töten nahezu alle behandelten Pflanzen ab. Durch spezielle Ausbringtechniken (z. B. Unterblattbehandlung) können nicht selektive Herbizide auch im Bestand eingesetzt werden.
Inzwischen stehen bei einzelnen Kulturen (z. B. Mais, Raps) Sorten zur Verfügung, die mit konventionellen Züchtungsverfahren eine Toleranz gegen normalerweise in der Kultur nicht selektive Herbizide erhielten. Mithilfe der Gentechnik gegen Herbizide resistent gemachte Sorten finden derzeit aufgrund der Zulassungs- und Akzeptanzsituation keinen Eingang in den Praxisanbau.

Selektiv wirkende Herbizide

Sie wirken gezielt gegen bestimmte Pflanzen (Unkräuter, Ungräser) und schonen die Kulturpflanzen.

Tabelle 7 Welches Herbizid zu welchem Termin?

Termin	Entwicklungszustand Kulturpflanze	Entwicklungszustand Unkraut	Herbizid
Vorsaat	nicht gesät	nicht aufgelaufen	Bodenherbizid
		aufgelaufen	Kontaktherbizid, systemisches Herbizid
Vorauflauf	gesät, aber noch nicht aufgelaufen	nicht aufgelaufen	Bodenherbizid
		aufgelaufen	Kontaktherbizid, systemisches Herbizid
Nachauflauf	aufgelaufen	nicht aufgelaufen	Bodenherbizid
		aufgelaufen	Kontaktherbizid, systemisches Herbizid

Vor allem im Getreidebau wird auch zwischen *Breitbandherbiziden* und *Spezialherbiziden* unterschieden. Breitbandherbizide sind Kombinationspräparate aus mehreren Wirkstoffen, die viele Unkrautarten und teilweise auch Ungräser gut bekämpfen. Spezialherbizide wirken gezielt gegen Leitunkräuter, wie Klettenlabkraut, Kamille und Distel, oder gegen Ungräser, wie Ackerfuchsschwanz und Windhalm.
Bei der Anwendung von Herbiziden gelten folgende **Grundsätze**:

- Die Auswahl des Mittels richtet sich nach dem vorhandenen Unkrautbesatz.
- Die einzelnen Wirkstoffe haben unterschiedliche Wirkungsbreiten.
- Entscheidend ist der richtige Anwendungszeitpunkt unter Berücksichtigung der Witterungs- und Bodenverhältnisse. Bodenherbizide benötigen genügend Bodenfeuchtigkeit, Wuchsstoffe erreichen ihre optimale Wirkung bei wüchsiger Witterung. Kühle Witterung und hohe Temperaturen können die Wirkung vermindern.
- Die Anwendung immer gleicher Herbizide kann zur Resistenzbildung bestimmter Unkräuter und Ungräser führen. Deshalb ist ein Wirkstoffwechsel angezeigt.
- Die Anwendung kann im Vorsaat-Vorauflauf und im Nachauflaufverfahren erfolgen.
- Die Ausbringung des Herbizides kann im *Einzelpflanzenverfahren* (z. B. Ampfer), als *Bandspritzung* (Behandlung in der Pflanzenreihe; der Zwischenraum zwischen den Reihen bleibt unbehandelt z. B. bei Rüben) oder als *Ganzflächenbehandlung* erfolgen.

Die Anwendung von Herbiziden auf befestigten, versiegelten Flächen und Flächen, von denen Regenwasser direkt in Oberflächengewässer oder die Kanalisation gelangt, ist verboten.
Deshalb keine Herbizidanwendung auf z. B. Verbundsteinpflaster, Plattenwegen, Dächern, Garageneinfahrten.
Ein **Verstoß** dagegen stellt eine **Ordnungswidrigkeit** dar und kann mit einer **Geldbuße** bis zu 50 000 Euro geahndet werden.

5.5 Fungizide

Fungizide Wirkstoffe sind Substanzen, die die Entwicklung von Schadpilzen an und in unseren Kulturpflanzen hemmen oder völlig unterbinden. Die anorganischen Schwefel- oder Kupferpräparate wurden von den organisch-synthetischen Verbindungen in den Hintergrund gedrängt.
Die Fungizide lassen sich nach ihrer **Wirkungsweise** einteilen in:

- **Kontaktfungizide** töten Pilzsporen und ihre Keimschläuche lediglich auf der Pflanzen- oder Saatgutoberfläche ab und müssen daher vor dem Eindringen des Pilzes in die Pflanze, d. h. vorbeugend eingesetzt werden. Der Schutzbelag muss auf der Oberfläche der zu schützenden Organe möglichst gleichmäßig verteilt werden. Neu zuwachsende Blätter ohne Spritzbelag sind nicht geschützt.

- **Teil- oder lokalsystemisch wirkende Fungizide** dringen in das Pflanzengewebe ein.
  Ihre *Vorteile* sind:
  - Schutz vor Abwaschung durch Niederschläge,
  - Bekämpfung von Pilzen, die bereits in die Pflanze eingedrungen sind (*heilende Wirkung*).
- **Vollsystemische Fungizide** dringen nicht nur in das Pflanzengewebe ein, sondern werden zudem im Gefäßsystem transportiert.
  Der zusätzliche *Vorteil* ist der Schutz auch neu zuwachsender Pflanzenteile.

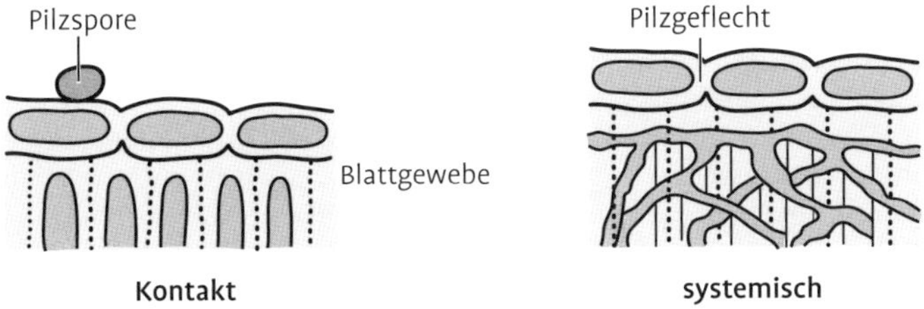

Abb. 12. Wirkungsweise von Fungiziden

- Einige Fungizide bilden auf der Pflanzenoberfläche stabile **Wirkstoffdepots.** Durch **Diffusion** verteilen sie sich auf und in der Pflanze. Sie besitzen eine lange vorbeugende Wirkungsdauer und sind weitgehend unabhängig von Witterungseinflüssen.

Die Auswahl der Wirkstoffe muss unter dem Gesichtspunkt der Wirkungsbreite und der Vermeidung von Resistenzbildung beim Schaderreger erfolgen. Die meisten Kontaktfungizide greifen im Stoffwechsel der Schadpilze gleichzeitig an mehreren Stellen an. Dank ihrer unspezifischen Wirkungsweise erfassen sie meist ein breites Erregerspektrum. Die Gefahr der Resistenzbildung ist als gering einzustufen.

Die systemischen Fungizide haben dagegen meist eine sehr spezifische Wirkungsweise und greifen im Stoffwechsel des Schadpilzes vorrangig nur an einem Wirkort an. Dies erklärt auch die Eingrenzung der Wirkung auf jeweils verwandte Schaderregergruppen.

Bereits durch eine einzige Änderung im Erbgut kann sich der Schadpilz an ein Fungizid anpassen. Bei Fungiziden mit spezifischer Wirkungsweise besteht ein höheres Risiko resistenter Erregerformen. Um der **Resistenzbildung** vorzubeugen, muss bei wiederholt erforderlichen Behandlungen ein **Wirkstoffwechsel** vorgenommen oder eine **Wirkstoffkombination** gewählt werden.

5.6 Insektizide

Wirkstoffe mit Kontaktwirkung
Sie treffen den Schädling entweder direkt oder sie werden durch möglichst gleichmäßiges Verteilen auf der Pflanzenoberfläche durch ihn aufgenommen. Einige Insektizide haben eine gute Tiefenwirkung, die insbesondere zur Bekämpfung minierender Schädlinge (z. B. Maden der Rübenfliege) erforderlich ist.

Wirkstoffe mit systemischer Wirkung
Sie werden schnell von der Pflanze aufgenommen und in ihr weiterverteilt. Als wichtigste **Anwendungsvorteile** der systemischen Insektizide sind zu nennen:
- Die schnelle Aufnahme durch die Pflanze vermindert die Gefährdung nützlicher Insekten. Schon wenige Stunden nach der Anwendung werden nur noch an Pflanzen saugende oder fressende Insekten erfasst, deren natürliche Feinde (Nützlinge) aber geschont.
- Die gute Verteilung in der Pflanze erreicht auch versteckt sitzende, mit Kontaktmitteln nur schwer zu treffende Schädlinge.
- Die Anforderungen an die Verteilung des Mittels und an die Witterungsbeständigkeit sind geringer; durch die schnelle Aufnahme werden die Wirkstoffe dem Einfluss der Außenfaktoren weitgehend entzogen.

Wirkstoffe, die die Entwicklung der Insekten hemmen
Diese **Entwicklungshemmer** beeinträchtigen die Häutung im Larvenstadium des Insekts oder unterbinden die Chitinbildung, so dass während der Häutung keine neue Kutikula (Außenhaut) gebildet wird.

Wirkstoffgruppen
Die Insektizide lassen sich nach ihrer chemischen Struktur in **Wirkstoffgruppen** einteilen. Die größte Bedeutung haben:
- Synthetische Pyrethroide
- Phosphorsäureester,
- Carbamat-Insektizide,
- Neonicotinoide.

Synthetische Pyrethroide besitzen nur eine Kontakt- und Fraßwirkung. Sie zeichnen sich durch hohe Wirksamkeit bereits bei geringen Aufwandmengen und durch geringe Warmblütergiftigkeit aus. Sie sind meist als nicht bienengefährlich eingestuft, weisen jedoch häufig eine hohe Fischgiftigkeit auf. Pyrethroide besitzen eine ausgeprägte Sofortwirkung und einen breiten Wirkungsbereich. Sie sind bereits bei niedrigen Temperaturen voll wirksam und haben unter diesen Bedingungen eine relativ lange Wirkungsdauer.
Phosphorsäureester wirken nicht nur gut gegen fressende, sondern auch gegen saugende Insekten und Milben. Typisch sind ein schneller Wirkungsbeginn, aber auch eine kürzere Wirkungsdauer. Der schnellere Abbau in und auf

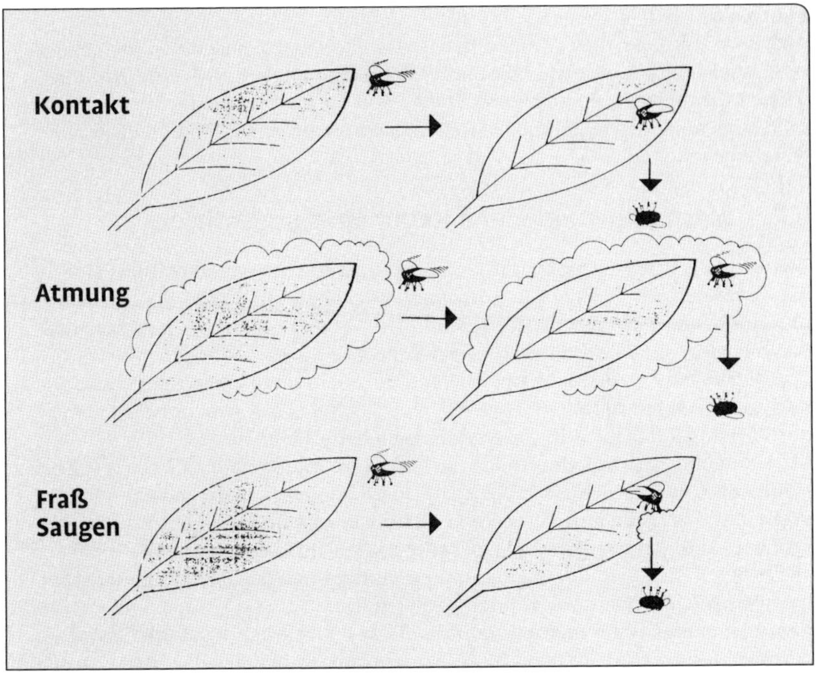

Abb. 13. Aufnahme von Insektiziden durch den Schädling

der Pflanze bedeutet auch eine geringere Rückstandsgefahr und kürzere Wartezeit.

Bei den **Carbamat-Insektiziden** gibt es eine Vielzahl an Wirkstoffen, die sich hinsichtlich Wirkungsweise, Wirkungsbreite und der akuten Giftigkeit unterscheiden.

Neonicotinoide haben eine geringe Warmblütertoxizität, ausgezeichnete systemische Eigenschaften und eine lange Wirkungsdauer. Sie wirken als Kontakt- und Fraßgifte.

Die Wirkstoffe dieser Gruppe können sowohl als Beizmittel als auch zur Blattbehandlung verwendet werden. Besonders gut werden saugende Insekten wie Blattläuse, Zikaden und Thripse sowie einige Käferarten bekämpft.

Von Nachteil ist, dass einige Neonicotinoide sehr bienengefährlich sind.

Als **natürlicher Wirkstoff** kommt Azadirachthin zum Einsatz, das aus Blättern des Neembaumes gewonnen wird.

Mineralöle verstopfen die Atmungsorgane und ersticken die Insekten. Sie werden im Obst- und Weinbau zur Austriebsspritzung gegen Spinnmilben und an Ziergehölzen gegen Schildlaus- und Schmierlausarten eingesetzt.

Akarizide
Akarizide werden gegen Spinnmilben, Gallmilben und Weichhautmilben eingesetzt. Viele der organischen Phosphorverbindungen haben auch eine Wirkung gegen Milben. Daneben gibt es eine Reihe von Spezial-Akariziden. Bei der Spinnmilbenbekämpfung sollten nur Mittel eingesetzt werden, die Raubmilben und Nützlinge schonen.

5.7 Wachstumsregler und Keimhemmungsmittel

Beide Mittelgruppen sind keine Pflanzenschutzmittel im engeren Sinne, sind diesen aber durch Gesetz und im Sprachgebrauch gleichgestellt. Man versteht darunter „Stoffe, die dazu bestimmt sind, die Lebensvorgänge von Pflanzen zu beeinflussen, ohne ihrer Ernährung zu dienen“.
Das Wachstum von Pflanzen und bestimmte Lebensvorgänge in der Pflanze werden durch *Pflanzenhormone (Phytohormone)* gesteuert. Wachstumsregler sind in der Wirkung ähnliche Stoffe, die synthetisch hergestellt werden.
Sie werden eingesetzt bei Getreide zur Halmverkürzung und zur Verstärkung der Halmwand, um physiologisch oder parasitär bedingtes Lagern zu verhindern. Weitere Einsatzgebiete sind die Verbesserung der Standfestigkeit bei Raps, die Fruchtausdünnung bei Äpfeln, die Förderung der Bewurzelung bei Zierpflanzenstecklingen, die Beeinflussung des Blütenansatzes und des Blühzeitpunktes bei Zierpflanzen, das Stauchen von Zierpflanzen u. a..
Keimhemmungsmittel sind Substanzen, die das Austreiben von Vermehrungsorganen hemmen. Als Beispiel ist die Keimhemmung bei eingelagerten Kartoffeln zu nennen.

5.8 Rodentizide

Mittel zur Bekämpfung schädlicher *Nagetiere* werden Rodentizide genannt. Zu den Schadnagern zählen z. B. Wanderratte, Hausmaus, Feldmaus, Wühlmaus.
Die Rodentizide können als Fertigköder gekauft werden. Sie werden in Ratten- oder Mäuselöcher sowie auf die häufig begangenen Wechsel der Tiere gestreut. Beim Putzen des Felles und der Füße gelangt das Gift in den Körper und entfaltet seine Wirkung.
Rodentizide sind als
- Langzeit- oder
- Akutgifte im Handel.

Langzeitgifte führen erst nach mehrmaliger Aufnahme und mit einer Verzögerung von mehreren Tagen zum Tode. Die meisten von ihnen wirken der Blutgerinnung entgegen, so dass die Tiere schmerzlos innerlich verbluten.
Cumarin-Derivate stellen eine Gefährdung für Hunde, Katzen und Schweine dar. Deshalb dürfen die Köder z. B. zur Rattenbekämpfung nur verdeckt in Rattenfutterkästen ausgelegt werden.

Akutgifte bewirken den Tod der Tiere bereits nach einmaliger Aufnahme. Zu den schnell wirksamen Wirkstoffen gehören z. B. Calcium- oder Aluminium-Phosphid. Präparate oder Köder mit diesen Wirkstoffen dürfen nur in geschlossenen Räumen oder unzugänglich für andere Tiere ausgebracht werden. Um Sekundärvergiftungen zu vermeiden, sind tot aufgefundene Tiere einzusammeln und gefahrlos zu beseitigen.
Begasungsmittel sind Akutgifte, die Phosophorwasserstoff entwickeln. Sie sind als Pellets, Patronen oder Granulate zur Wühlmausbekämpfung im Handel. Da dieser Stoff auch für den Menschen sehr gefährlich ist, wurde die Anwendungserlaubnis auf einen autorisierten, fachkundigen Personenkreis beschränkt.
Fraßgifte können als Fertigköder bezogen werden. Da diese Wirkstoffe mehrmals gefressen werden müssen, ist so lange nachzulegen, bis keine Aufnahme mehr erfolgt.

Wirkungsweise chemischer Pflanzenschutzmittel

Herbizide:	– Hemmung der Photosynthese
	– Hemmung der Keimung
	– Störung des Wuchses
	– Zerstörung der Zellstruktur
Fungizide:	– Hemmung der Energieproduktion (Stoffwechsel)
	– Einwirkung auf Biosynthese (Wachstum)
	– Zerstörung der Zellstruktur (Abtötung)
Insektizide:	– Wirkung auf das Nervensystem
	– Beeinflussung von Enzymaktivitäten
Wachstumsregulatoren:	– Wirkung auf das Längen- und Dickenwachstum
	– Beeinflussung des Hormonhaushaltes
Rodentizide:	– Verhinderung der Blutgerinnung

5.9 Verhalten chemischer Pflanzenschutzmittel

In der Öffentlichkeit werden Pflanzenschutzmittel häufig mit „Giften" gleichgesetzt. Ein Blick auf die Entwicklung des Pflanzenschutzes zeigt, dass es gelungen ist, die hochgiftigen Stoffe aus der Anfangszeit der chemischen Bekämpfungsverfahren durch weniger giftige oder ungiftige Produkte zu ersetzen. Von den derzeit zugelassenen Pflanzenschutzmitteln sind nur ca. 4 % als giftig oder sehr giftig eingestuft.
Die derzeit zugelassenen Pflanzenschutzmittel werden im Gegensatz zu den persistenten früherer Jahre auch relativ rasch umgewandelt oder vollständig abgebaut. Beim Um- und Abbau spielen physikalische (UV-Licht, Verflüchtigung), chemische und biologische Vorgänge (Mikroorganismen) eine Rolle.
Die beim **Abbau** entstehenden *Zwischenprodukte* (Metaboliten) verlieren meist ihre ursprüngliche Ausgangswirkung. Im Boden erfolgt der Abbau in der Regel durch Mikroorganismen bis zu Endprodukten wie Kohlendioxid, Wasser, Ammoniak.

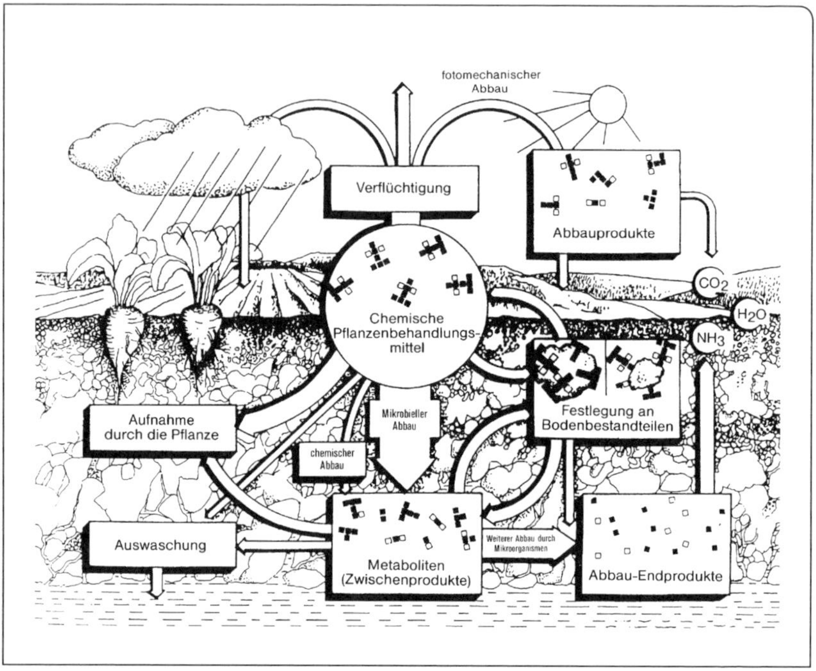

Abb. 14. Schema der Abbauvorgänge chemischer Pflanzenschutzmittel in Pflanze und Boden

Unter bestimmten Bedingungen können Wirkstoffreste oder Umwandlungsprodukte auch an Bodenbestandteile gebunden oder in den Humus eingebaut werden. Inwieweit es beim Humusstoffwechsel wieder zur Freisetzung dieser Substanzen kommt, ist heute noch nicht abschließend geklärt. Das gleiche gilt für mögliche Reaktionen der Umwandlungsprodukte untereinander.

➜ **Überprüfen Sie Ihr Wissen mit den Fragen 501–567.**

6 Gute fachliche Praxis

Pflanzenschutz darf nur nach **guter fachlicher Praxis** durchgeführt werden. Dies dient der Gesunderhaltung und Qualitätssicherung von Pflanzen und Pflanzenerzeugnissen und der Abwehr von Gefahren, die durch die Anwendung, das Lagern und den sonstigen Umgang mit Pflanzenschutzmitteln für die Gesundheit von Mensch und Tier sowie für den Naturhaushalt einschließlich des Grundwassers entstehen können.
Pflanzenschutz nach guter fachlicher Praxis beinhaltet die Durchführung von Pflanzenschutzmaßnahmen, die
- in der Wissenschaft als gesichert gelten,
- auf Grund praktischer Erfahrungen als geeignet, angemessen und notwendig anerkannt sind,
- von der amtlichen Beratung empfohlen werden und
- durch sachkundige Anwender erfolgen.

Zur guten fachlichen Praxis gehört auch, dass die allgemeinen Grundsätze des Integrierten Pflanzenschutzes eingehalten werden.

6.1 Integrierter Pflanzenschutz

Integrierter Pflanzenschutz ist eine Kombination von Verfahren, bei denen unter vorrangiger Berücksichtigung biologischer, biotechnischer, pflanzenzüchterischer sowie anbau- und kulturtechnischer Maßnahmen die Anwendung chemischer Pflanzenschutzmittel auf das notwendige Maß beschränkt wird.

6.1.1 Allgemeine Grundsätze des Integrierten Pflanzenschutzes

Die sinnvolle Verknüpfung möglichst aller Maßnahmen zum Schutz der Kulturpflanze unter besonderer Berücksichtigung ökologischer Forderungen bildet das Kernstück des Integrierten Pflanzenschutzes.
Der Integrierte Pflanzenschutz vermag kein allgemeines, immer gültiges Programm zu bieten, das von der Praxis als Rezept einfach übernommen werden kann. Vielmehr gilt es, unter den jeweiligen Voraussetzungen, die von Feld zu Feld und von Jahr zu Jahr verschieden sein können, die allgemeinen **Grundsätze** des Integrierten Pflanzenschutzes einzuhalten:
- Anbausysteme entwickeln, in denen möglichst wenige Schadorganismen auftreten,
- Pflanzengesundheit durch pflanzenbauliche Maßnahmen fördern (Fruchtfolge, Bodenbearbeitung, Sortenwahl, Saat- und Pflanzzeit, Düngung),
- Nützlinge als natürliches Begrenzungspotenzial für Schadorganismen erhalten und fördern,
- Wachstum der Kulturpflanzen und Auftreten und Verbreitung der Schadorganismen sorgfältig beobachten (Befallskontrollen),

- Praktikable mechanische, biologische und biotechnische Pflanzenschutzmaßnahmen bevorzugen,
- Chemische Pflanzenschutzmittel – soweit möglich – nur unter Berücksichtigung der wirtschaftlichen Schadensschwelle oder Bekämpfungsschwelle mit verfügbaren Resistenzvermeidungsstrategien anwenden; Voraussetzung dafür ist ein laufendes und sorgfältiges Erfassen der Schadorganismendichte und -ausbreitung,
- Aufwandmenge der Mittel in Abhängigkeit von Witterung, Boden, Entwicklungsstadium der Kulturpflanzen und der Schadorganismen unter Berücksichtigung der anwendungstechnischen Möglichkeiten so niedrig wie möglich wählen,

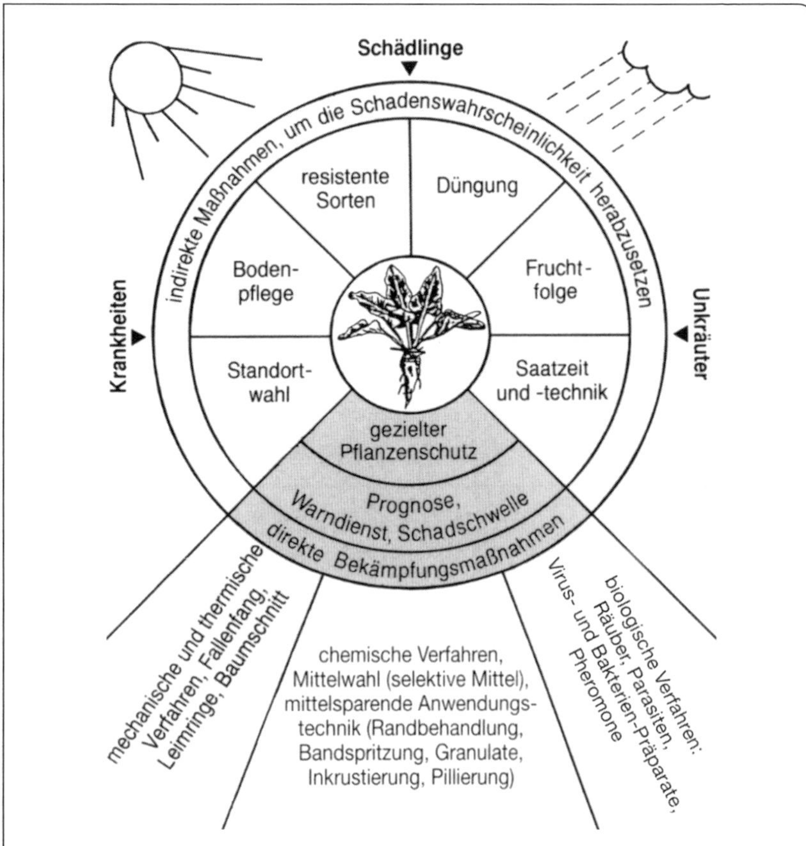

Abb. 15. Schema des Integrierten Pflanzenschutzes

- Wenn möglich, nur Teilflächenbehandlung durchführen (Nester- oder Randbehandlung, Bandspritzung),
- Durchgeführte Maßnahmen aufzeichnen (Schlagkartei) und Erfolg überprüfen,
- Sich ständig fortbilden und Angebote von qualifizierter Beratung in Anspruch nehmen.

Integrierter Pflanzenschutz setzt möglichst genaue **Kenntnisse** voraus über die
- Lebensweise, Vermehrung und Ausbreitung von Schadorganismen, Nützlingen und indifferenten Organismen in der Kulturlandschaft,
- Eigenschaften der Kulturpflanze und ihre Reaktion auf Kulturmaßnahmen zur Herabsetzung der Schadenswahrscheinlichkeit,
- Auswirkung chemischer Pflanzenschutzmittel auf Schadorganismen und Nützlinge,
- Höhe der wirtschaftlichen Schadens- bzw. Bekämpfungsschwelle und deren Veränderung durch biologische, ackerbauliche und wirtschaftliche Einflussgrößen.

Tabelle 8 Beispiele für Bekämpfungsschwellen

Kulturart	Schaderreger	Kontrolle	Bekämpfungsschwelle	Bemerkungen
Weizen	Getreideblattläuse (Saugschäden)	Ende der Blüte 5 × 10 Ähren auf Befall prüfen	3–5 Blattläuse je Ähre = 60–80 % der Ähren besiedelt	nützlingsschonende Pflanzenschutzmittel einsetzen
Raps	Großer Rapsstängelrüssler	ab 5 °C Bodentemperatur: Aufstellen von Gelbschalen und Zählen der gefangenen Käfer	10–15 Käfer in 3 Tagen	bei anhaltendem Zuflug die Behandlung frühestens nach 14 Tagen wiederholen
	Rapsglanzkäfer	von Knospenbildung bis Blühbeginn: Käfer je 10 Pflanzen zählen	*Winterraps:* 5 Käfer/Hauptknospe am Rand des Feldes *Sommerraps:* 1–3 Käfer/Hauptknospe am Rand des Feldes	bei geöffneter Blüte schädigt der Käfer in der Regel nicht mehr
Rüben	Rübenfliege	ab Auflaufen bis 6-Blatt-Stadium Blätter nach Maden absuchen	2 Maden je Blatt	Behandlung bei beginnender Fraßtätigkeit

6.1.2 Instrumente des Integrierten Pflanzenschutzes

Wirtschaftliche Schadens- und Bekämpfungsschwelle
Das Auftreten von Krankheiten, Schädlingen und Unkräutern in unseren Kulturpflanzenbeständen ist nicht in jedem Falle gleichzusetzen mit einer Schädigung, also mit Ertrags-, Qualitäts- oder Einkommensverlusten.
Pflanzenschutzmittel kommen erst dann zum Einsatz, wenn der absehbare Schaden die Maßnahmenkosten übersteigt.

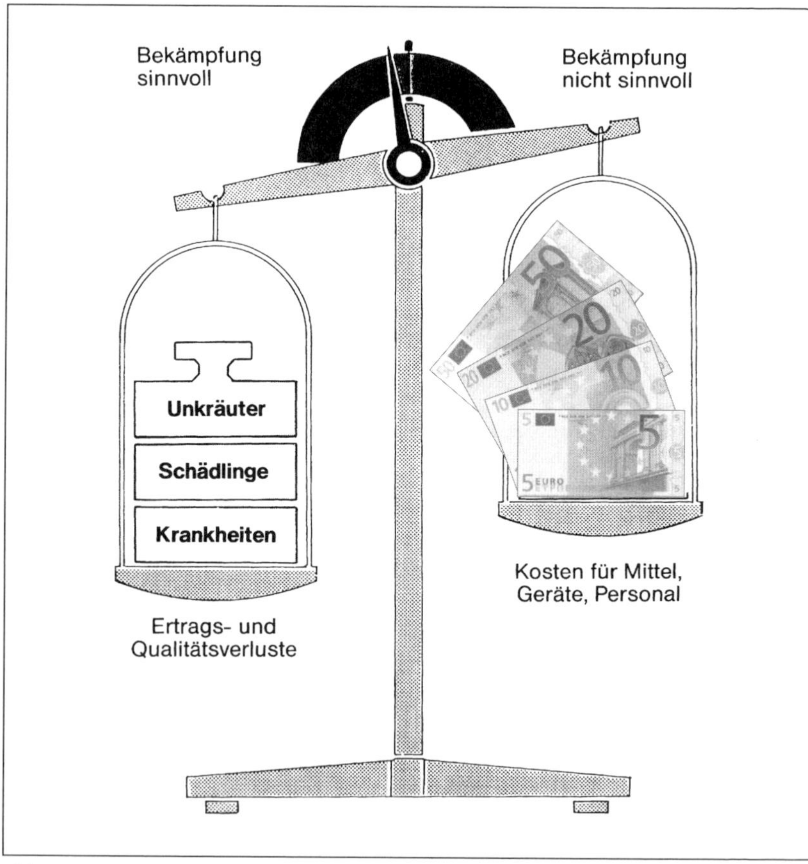

Abb. 16. Prinzip der wirtschaftlichen Schadensschwelle

Die wirtschaftliche Schadensschwelle gibt die Befallsstärke oder den Grad der Verunkrautung an, die gerade noch geduldet werden können. Es werden also Schaderregerdichte, Schadenshöhe und Höhe der Maßnahmenkosten in eine enge gegenseitige Beziehung gebracht.
An die Stelle des biologisch fragwürdigen Ziels der Ausrottung der Schadorganismen tritt ein System der *Regulierung* von Krankheiten, Schädlingen und Unkräutern.

Bekämpfungsschwelle
Bei Pilzkrankheiten und tierischen Schädlingen kann mit einer Bekämpfung in der Regel nicht bis zum Erreichen der wirtschaftlichen Schadensschwelle gewartet

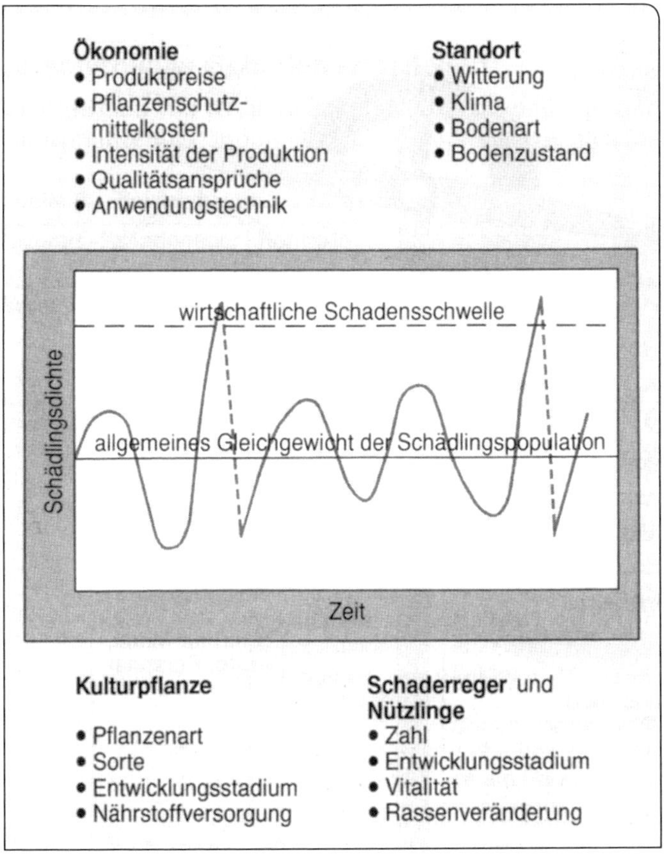

Abb. 17. Faktoren, die die Schadensschwellen beeinflussen

werden. Um eine massenhafte Vermehrung noch rechtzeitig stoppen zu können, muss nach epidemiologisch ausgerichteten Bekämpfungsschwellen vorgegangen werden, die unterhalb der wirtschaftlichen Schadensschwellen angesetzt sind.
Das Beachten der wirtschaftlichen Schadensschwellen bringt grundsätzlich Vorteile mit sich:

- Die Häufigkeit der Anwendung chemischer Pflanzenschutzmittel kann reduziert werden,
- die Nützlinge werden weniger stark beeinträchtigt,
- die Gefahr der Resistenzbildung beim Schaderreger lässt sich verringern und
- die Produktionskosten sinken.

Die wirtschaftliche Schadensschwelle wird von einer Vielzahl wechselnder Faktoren beeinflusst (siehe Abb. 17).
Diese vielen Faktoren, die z. T. vom Landwirt nicht beeinflusst werden können, bringen es mit sich, dass Schadens- und Bekämpfungsschwellen nur Annäherungswerte sein können, die dann an den jeweiligen Standort auf Grund eigener Erfahrung angepasst werden müssen.

Befallsfeststellung und -einschätzung

Befallsfeststellung – Die wichtigste Voraussetzung einer gezielten Pflanzenschutzmaßnahme auf der Basis der wirtschaftlichen Schadens- bzw. Bekämpfungsschwelle ist das **exakte Erfassen des aktuellen Befalls** durch Krankheiten, Schädlinge und Unkräuter. Neben der Befallsermittlung unmittelbar an der Pflanze können auch einfache Hilfsmittel zur Überwachung eingesetzt werden. Bei flugfähigen **Insekten** lassen **Gelbschalen** (z. B. Rapsschädlinge) oder **Pheromonfallen** (z. B. Apfelwickler) Aussagen über die Flugaktivität zu. Aus den Fangzahlen können Bekämpfungsentscheidungen abgeleitet werden.
Zur Bestimmung der **Unkrautdichte** in Getreide wurde ein **Zähl- und Schätzrahmen** entwickelt, der es erlaubt, die Unkrautbekämpfung nach dem Schadschwellenprinzip durchzuführen.
Viele **Pilzkrankheiten** können mit Hilfe einer **einfachen Lupe** bestimmt werden. Schwer nachweisbare Pilz- oder Viruskrankheiten sind oft nur mit **speziellen Labormethoden** (z. B. ELISA- oder PCR-Verfahren) zu diagnostizieren.
Befallseinschätzung – Die Entscheidung für oder gegen eine Abwehrmaßnahme muss der Landwirt selbst treffen und verantworten. Für eine Reihe von Schaderregern stehen praktikable Bekämpfungsschwellen zur Verfügung (siehe Tabelle 8).
Der **amtliche Pflanzenschutz-Warndienst**, Anbauverbände und Firmen bieten Informationen über die aktuellen Befallseinstufungen von Pilzkrankheiten in Getreide und Zuckerrüben sowie von Krautfäule in Kartoffeln an.
Für das Einschätzen der Notwendigkeit einer Bekämpfungsmaßnahme sind auch die **langjährigen Beobachtungen und Erfahrungen** heranzuziehen, um standort- und situationsgerecht handeln zu können.

Experten- und Prognosesysteme

Es gibt vielseitige Bemühungen, den Landwirt in seiner Entscheidung zu unterstützen.

Expertensysteme/Entscheidungsmodelle fassen das Wissen von Experten zusammen und sind meist als EDV-Programm aufbereitet. Vorausgesetzt wird in der Regel eine exakte Befallsermittlung. Hoch entwickelte Modelle geben auch *Empfehlungen* für die Mittelwahl (z. B. Weizenmodell Bayern, ProPlant, Schorf-Expert).

Prognosesysteme/Simulationsmodelle berechnen die Entwicklung von Schaderregern. Aktuelle Wetterdaten sind dabei eine zwingende Voraussetzung. Eigene Befallsermittlungen sind für die Prognose nicht unbedingt erforderlich, verbessern deren Aussagen aber z. T. wesentlich.

Die einfachste Form stellt die *Negativprognose* dar, die den Zeitraum berechnet, in dem mit keinem nennenswerten Befall der Krankheit oder des Schädlings zu rechnen ist.

Andere Modelle simulieren mit Hilfe von Witterungsdaten Befallsbeginn und Befallsverlauf von Krankheiten und geben Empfehlungen zur Fungizidbehandlung in Abhängigkeit vom jeweiligen Befallsdruck.

Beispiel: SYMPHYT bei Krautfäule der Kartoffel.

Prognosen können stets nur eine regionsspezifische *Hilfestellung* für den Entscheidungsprozess des Landwirtes darstellen. Im Integrierten Pflanzenschutz muss der Praktiker auf Grund dieser Hinweise unter Berücksichtigung von Sorte, Pflanzenentwicklung, Düngung, Befallsdruck und dem Vorhandensein natürlicher Begrenzungsfaktoren (z. B. Nützlinge) in seinen Beständen selbst ermitteln, ob Pflanzenschutzmaßnahmen erforderlich sind.

Pflanzenschutz-Warndienst

Der Pflanzenschutz-Warndienst hat die **Aufgabe**, auf der Grundlage von Prognosen, Beobachtungen und Erhebungen die Praxis vor dem Auftreten von Schädlings- und Krankheitsbefall **zu warnen**, damit eine *gezielte Pflanzenschutzmaßnahme zum richtigen Zeitpunkt* durchgeführt werden kann.

Dazu gehört auch, die jeweils zweckmäßigsten und möglichst umweltschonenden Verfahren aufzuzeigen (z. B. Randbehandlungen der Felder bei flugträgen Schädlingen). Er gibt ferner der Praxis **Hinweise für eigene Bestandeskontrollen** zum optimalen Abschätzen des Schaderregerbefalls, um eine gezielte Maßnahme auf der Grundlage der wirtschaftlichen Schadensschwelle zu ermöglichen.

Jeder Anbauer kann mithilfe der **Mitteilungen des Warndienstes** überprüfen, ob für seine Bestände eine Gefahr durch die genannten Schadorganismen besteht.

Die Meldungen des Warndienstes werden mit telefonischen Ansagediensten, Rundschreiben, der lokalen Presse, Telefax, E-Mail und Internet verbreitet.

Mit dem **I**nformations-**S**ystem **I**ntegrierte **P**flanzenproduktion, kurz **ISIP**, bieten die Pflanzenschutzdienste der Bundesländer hierzu eine interaktive Online-Plattform an (www.isip.de).

6.1.3 Vorbeugende Pflanzenschutzmaßnahmen

Hierzu zählen alle kulturtechnischen und anderen nicht-chemischen Maßnahmen, um die Schadenswahrscheinlichkeit durch Krankheiten, Schädlinge und Unkräuter herabzusetzen.

Standortwahl
Jede Pflanzenart stellt bestimmte Ansprüche an den Standort, um sich optimal entwickeln zu können. Die Wahl *standortgerechter Pflanzenarten* und *-sorten* ist eine wichtige vorbeugende Maßnahme, um Ertrags- und Qualitätsverluste durch Schadorganismen zu verringern.
Die Kohlhernie tritt bei Raps und anderen Kreuzblütlern z. B. nur selten schädigend bei alkalischer Bodenreaktion auf, während der gewöhnliche Kartoffelschorf bei erhöhtem pH-Wert gefördert wird.

Bodenpflege
Ein humusreicher, garer Boden fördert die Entwicklung der Pflanzen, so dass sie tierischen Schädlingen „aus den Zähnen" wachsen können (Moosknopfkäfer, Rübenfliege). Andererseits kann er die in ihm wohnenden Krankheitserreger ausschalten und somit eine „biologische Selbstentseuchung" erreichen (Schwarzbeinigkeit des Weizens und Wurzelbrand der Rüben).
Auch sind Gefahren durch Rückstände nach Anwendung von Bodenherbiziden um so weniger zu befürchten, je aktiver das Bodenleben ist (Wirkstoffabbau).

Bodenbearbeitung
Durch die Bodenbearbeitung werden optimale Voraussetzungen für das Pflanzenwachstum geschaffen. Pflügen, insbesondere nach Maisvorfrucht dient z. B. der Bekämpfung des Maiszünslers und mindert das Risiko von Fusariumbefall beim nachfolgenden Weizen. Scheibenegge und andere rotierende Bodenbearbeitungsgeräte dienen der Bekämpfung von Bodenschädlingen wie Engerlinge, Drahtwurm, Brachfliege u. a..

Resistente Sorten
Die Wahl von resistenten oder weniger anfälligen Sorten ist ein wirksamer indirekter Pflanzenschutz.
Auf verseuchten Flächen wird der Anbau bestimmter Kulturen (z. B. Kartoffeln) erst durch resistente Sorten möglich (Schaden durch Kartoffelnematoden). So lässt sich durch den Anbau rizomaniatoleranter Sorten die Wurzelbärtigkeit der Zuckerrübe verringern.

Saat- und Pflanzgut
Die Qualität des Saat- und Pflanzgutes ist ein wesentliches Kriterium für den Anbauerfolg. Entscheidend ist der Gesundheitszustand, denn zahlreiche samenbürtige Krankheitserreger, Bakterien und Viren können mit Saat- und Pflanzgut

übertragen werden. Amtlich geprüftes und anerkanntes Saatgut *(zertifiziertes Saatgut)* gewährleistet neben einem guten Gesundheitszustand auch Sortenechtheit, Sortenreinheit, Mindestkeimfähigkeit und Unkrautfreiheit.

Düngung
Eine „ausgewogen" ernährte Pflanze ist gegen Schwächeparasiten weitgehend unempfindlich.
Gefährlich dagegen sind *einseitige Nährstoffangebote,* insbesondere mit Stickstoff. Im Getreidebau erhöhen sie die Lagergefahr und fördern Pilzkrankheiten und Blattläuse, im Kartoffelbau die stärkere Virus-Ausbreitung.
Ein *Mangel an bestimmten Nährstoffen* kann aber auch direkt zu Erkrankungen der Pflanzen führen.
Beispiele sind die Herz- und Trockenfäule bei Rüben (Bor-Mangel) und die Dörrfleckenkrankheit des Hafers (Mangan-Mangel).

Fruchtfolge
Die Fruchtfolge hat eine wichtige Funktion im Integrierten Pflanzenschutz. Je einseitiger eine Fruchtfolge ist, desto größer ist auf vielen Standorten die Gefahr der Anhäufung bodengebundener und wirtsspezifischer Krankheiten und Schädlinge. Beispiele hierfür sind die Fußkrankheiten des Getreides sowie Kartoffel-, Rüben- und Getreidenematoden.

Saatzeit und Saattechnik
Auch durch die Saatzeit und die Saattechnik kann einem Krankheits- und Schädlingsbefall vorgebeugt werden. Die traditionelle *Saatregel,* im Herbst „späte", im Frühjahr „zeitige" Saat des Getreides, hat auch heute noch Bedeutung.
Spätere Aussaat von Wintergerste und Winterweizen im Herbst mindern Schäden durch Fritfliege, Gelbverzwergungs-Virus, Halmbruchkrankheit, Zwergsteinbrand und Typhulafäule. Zeitige Saat im Frühjahr schützt das Getreide vor Fritfliegenbefall.
Auch *Saatstärke, Saattiefe* und *Standweite* sind Faktoren, die das Auftreten von Schadorganismen beeinflussen. So begünstigen hohe Bestandesdichten viele Krankheitserreger, während lückige Bestände die Verunkrautung fördern und bestimmte Schädlinge anlocken (Blattläuse, Brachfliege).

6.1.4 Direkte Pflanzenschutzmaßnahmen

Physikalische Maßnahmen
Zu den physikalischen Maßnahmen zählen *mechanische und thermische Verfahren* sowie Verfahren zur *Fernhaltung* und zum *Fang* von Schaderregern:
- Saatgutreinigung,
- mechanische Unkrautbekämpfung durch Striegeln, Eggen, Hacken,
- thermische Unkrautbekämpfung durch Abflammen,
- Bodenentseuchung durch Dämpfung (Gartenbau),

- Entfernen erkrankter Pflanzenteile (Obstbaumschnitt),
- Fallenfang bei Nagern (Wühlmäuse).

Zu den mechanischen Verfahren gehören Bodenbearbeitungsmaßnahmen zur Unkrautbekämpfung (Häufeln und Striegeln im Kartoffelbau, Hacken in Zuckerrüben und Maisanbau). In Vermehrungsbeständen ist auch heute noch das Entfernen kranker Pflanzen (z. B. viruskranker Kartoffelstauden) und von Schadpflanzen (z. B. Flughafer oder sortenfremder Pflanzen) üblich.

Zu den mechanischen Verfahren zählen auch das tiefe Unterpflügen befallenen Pflanzenmaterials (z. B. mit Maiszünsler oder Fusarium befallener Maisstängel bzw. Maisstoppeln) oder das Entfernen kranker Pflanzenteile (z. B. Obstbaumschnitt).

Die mechanische Queckenbekämpfung nach der Getreideernte mit Grubber und schwerer Zinkenegge bei trockener Witterung ist vielfach eine sehr wirksame Bekämpfungsmethode. Auch durch Pflügen wird der Unkrautdruck erheblich gemindert.

Der altbewährte *Fallenfang* ist heute noch unentbehrlich bei der Abwehr von Nagetieren (z. B. Wühlmäuse, Bisam).

Biologische Verfahren

Zum **biologischen Pflanzenschutz** im weitesten Sinne gehören alle Maßnahmen, die auf die Schonung der Lebensgemeinschaft unserer Kulturlandschaft ausgerichtet sind, um die dort vorhandenen **natürlichen Gegenspieler** von Schadorganismen nutzbar zu machen. Beim biologischen Pflanzenschutz im engeren Sinne strebt man aktiv die praktische Anwendung dessen an, was sich in der Natur fortwährend selbständig abspielt:

- *Massenzucht* räuberisch oder parasitisch lebender Organismen: Sie werden gezielt zur Abwehr eines Schädlings eingesetzt oder es werden nicht einheimische Nützlinge eingebürgert. Praxisreif ist der Einsatz von *Trichogramma*-Eiparasiten gegen Maiszünsler. Weitere Beispiele sind der Einsatz der Erzwespe gegen die „Weiße Fliege" und des Spinnmilbenräubers *Phythoseiulus* gegen die „Rote Spinne", der Florfliege gegen Blattläuse in Unterglaskulturen im Gartenbau und von Nematoden gegen Dickmaulrüßler.
- Anwendung von *Krankheitserregern:* Viren, Bakterien und Pilze können in Form von *Biopräparaten* zur Bekämpfung von Schadinsekten eingesetzt werden. Beispiele: Gegen Apfelwickler ist ein *Granulose-Virus-Präparat* wirksam. Bakterienpräparate auf der Basis von *Bacillus thuringiensis* haben eine spezifische Wirkung gegen Raupen einiger Schmetterlingsarten (z. B. gegen Kohlweißling, Traubenwickler, Maiszünsler und Larven des Kartoffelkäfers). Der Pilz *Coniothyrium minitans* wird zur Befallsminderung von Weißstängeligkeit in Raps verwendet.

  Diese Präparate lassen sich ähnlich wie chemische Präparate in wässriger Lösung im Spritzverfahren ausbringen. Ihr Vorteil liegt in der selektiven Wirkung, d. h. es werden nur die Schädlinge abgetötet, während andere Insekten und Bienen verschont bleiben.

- *Selbstvernichtungsmethode:* Sie wirkt durch das Freilassen in Massenzuchten chemisch oder radioaktiv unfruchtbar gemachter Schädlinge (sterile-male-Technik). Sie führt nur bei großem Übergewicht der sterilen Männchen und in abgeschlossenen, isolierten Anbaulagen zum Erfolg.

Tabelle 9 Wichtige Verfahren des biologischen Pflanzenschutzes

1. Biologische Verfahren im engeren Sinne
- Nützlinge als Räuber und Parasiten
- Mikroorganismen und Viren als Krankheitserreger
- Selbstvernichtungsverfahren

2. Biotechnische Verfahren im weiteren Sinne
- chemische Einflüsse (Pheromone/Signalstoffe)
- physikalische Einflüsse
- Wachstums- und Entwicklungsregulatoren
- mikrobiell produzierte Substanzen, „genetic engineering"

3. Erhöhung der Widerstandsfähigkeit der Wirtspflanze
- Resistenzzüchtung
- Prä-Immunisierung
- Resistenzinduktion mit Kulturfiltraten von Bakterien und Pilzen

4. Nutzung abwehraktiver Pflanzeninhaltsstoffe

Biotechnische Verfahren

Die biotechnischen Verfahren nutzen die natürlichen Reaktionen der Schädlinge auf bestimmte physikalische oder chemische Reize aus. Hierzu gehört die Anwendung von *Lockstoffen* (Pheromone = Sexual-Lockstoffe z. B. gegen Apfelwickler und Fruchtschalenwickler), von *Abschreckstoffen* (= Repellents, z. B. Inkrustierung des Maises gegen Fasanenfraß) und von *Hemmstoffen,* die die Entwicklung der Insekten stören oder hemmen.

Die **Problematik** biologischer Verfahren liegt darin, dass die Wirkung oft nicht so schnell und sicher einsetzt wie gewünscht. So benötigt der „Räuber" nach seinem Aussetzen eine gewisse „Jagdzeit", bevor er eine Schädlingspopulation im gewünschten Ausmaß verringert hat. Auch die ausgebrachten Krankheitserreger entfalten erst nach einigen Tagen ihre dezimierende Wirkung auf die Schädlinge. Die meist spezifische Wirkung biologischer Verfahren kann in der Praxis Schwierigkeiten bereiten, wenn in einer Kultur eine Vielzahl von Krankheiten und Schädlingsarten bekämpft werden muss. Können gegen einige davon nur chemische Präparate eingesetzt werden, so kann deren Breitenwirkung die biologische Bekämpfung zunichte machen. Unter Freilandbedingungen sind deshalb die Erfolgsaussichten dieser Verfahren sehr begrenzt.

- **vorbeugende Maßnahmen**
  - **Bodenpflege**: Grundbodenbearbeitung, Saatbettbereitung, Düngung, Mulchen, Standortwahl
  - **Anbautechnik**: Saattermin, Saattechnik, anerkanntes Saatgut, resistente Sorten, tolerante Sorten (Herbizidtoleranz), Fruchtwechsel
- **direkte Maßnahmen**
  - **mechanisch**: Striegeln, Eggen, Hacken Fallen, Leimringe, Sammeln, Baumschnitt,
  - **biotechnisch**: Lockstoffe, Abschreckmittel
  - **thermisch**: Abflammen, Bodendämpfung
  - **biologisch**: Räuber, Parasiten, Virus- und Bakterienpräparate, sterile-male-Technik
  - **chemisch**:
    - flüssig: Spritzen, Sprühen, Gießen, Pinseln, Nebeln
    - Feststoffe: Stäuben, Streuen, Ködern
    - Begasungsverfahren

Abb. 18. Übersicht über mögliche Pflanzenschutzmaßnahmen

Chemische Verfahren

Die chemischen Pflanzenschutzmaßnahmen nehmen heute eine zentrale Stellung im gesamten Pflanzenschutz ein. Dies ist im Wesentlichen darauf zurückzuführen, dass chemische Mittel schnell und durchschlagend wirksam sind, rationell angewendet und vor allem unter geringstem Arbeitsaufwand eingesetzt werden können.

Mittelwahl und Aufwandmengen

Die Auswahl des Pflanzenschutzmittels ist unter Abwägung der Wirksamkeit und der Kosten standort-, situations- und kulturpflanzenbezogen zu treffen. Es dürfen grundsätzlich nur zugelassene Pflanzenschutzmittel eingesetzt werden. Bei gleicher Eignung sollen mindertoxische und nützlingsschonende Präparate bevorzugt werden.

Soweit es vertretbar ist (z. B. bei mäßigem Befallsdruck oder nur kurzer benötigter Wirkungsdauer), können die in der Gebrauchsanleitung vorgesehenen Aufwandmengen unterschritten werden. In manchen Fällen kann durch die Beimischung wirkungsverbessernder Zusatzstoffe die Wirksamkeit der Pflanzenschutzmittel erhöht und damit der Aufwand verringert werden.

In *Tankmischungen* werden Pflanzenschutzmittel eingesetzt, die sich in ihrer Wirkung ergänzen. Dabei können die Aufwandmengen der Einzelkomponenten vermindert werden. In Mischungen können die Mittel allerdings andere Eigenschaften aufweisen als die Einzelprodukte. Deshalb sollte nur auf bewährte und von der Beratung empfohlene Tankmischungen zurückgegriffen werden.

Durch Wirkstoffkombinationen, Wechsel von Wirkstoffen und Reduzierung der Behandlungshäufigkeit kann der Entwicklung von resistenten Schadorganismen gegenüber Pflanzenschutzmitteln vorgebeugt werden. Da Unkräuter, Insekten und Pilze häufig zuerst den Feldrand befallen, sind oftmals Behandlungen von Teilflächen oder von Einzelpflanzen ausreichend.

Sowohl die Vorteile als auch die Grenzen und Gefahren bei der Anwendung von chemischen Pflanzenschutzmitteln müssen gegeneinander abgewogen werden. Die sinnvolle Kombination mit anderen Maßnahmen zum Vermindern der Schadenswahrscheinlichkeit und die Beachtung der wirtschaftlichen Schadensschwelle sind Voraussetzung für die sachgerechte Einordnung chemischer Mittel in ein modernes Pflanzenschutzsystem, das als Integrierter Pflanzenschutz bezeichnet wird.

6.2 Erfolgskontrolle und Dokumentation

Die Sicherung der erzeugten Produkte in Qualität und Quantität ist letztendlich das Ziel jeder Pflanzenschutzmaßnahme. Hand in Hand mit der einmal getroffenen Entscheidung des Landwirts muss die nachfolgende **Erfolgskontrolle** der durchgeführten Maßnahmen erfolgen:

- War die Entscheidung richtig und angemessen?
- War die Maßnahme hinreichend wirksam?
- War die Maßnahme ökonomisch sinnvoll?

- War die Maßnahme kultur- und umweltverträglich?
- Welche Konsequenzen ergeben sich für vergleichbare Situationen in den Folgejahren?

Als praktische Hilfe zur Beurteilung einer Pflanzenschutzmaßnahme haben sich sog. „Beobachtungsfenster“ erwiesen, bei denen eine unbehandelte Vergleichsfläche (z. B. 10 m × Spritzbreite) in den Pflanzenbestand gelegt wird. Verträglichkeit und Wirksamkeit sind die wesentlichen Beurteilungskriterien. Bei unbefriedigenden Ergebnissen sollte der Pflanzenschutzberater hinzugezogen werden.

Die Erfolgskontrolle einer Pflanzenschutzmaßnahme dient der Optimierung des Betriebseinkommens und der Minimierung von Umweltbelastungen in gleicher Weise.

Die zutreffende Beurteilung einer Pflanzenschutzmaßnahme
- zu einem bestimmten Zeitpunkt,
- zu einer bestimmten Kultur,
- an einem bestimmten Standort,
- in einer bestimmten Situation

ist anhand einer einmaligen Momentaufnahme nicht möglich. Sie muss das Ergebnis einer Aneinanderreihung von Erfahrungen, Vergleichen und kritischen Analysen über mehrere Jahre hinweg sein. Dies setzt aber eine entsprechende **Dokumentation** der durchgeführten Maßnahmen voraus. Gerade auch vor dem Hintergrund aktueller Forderungen nach einer „gläsernen Produktion“ ist die saubere Dokumentation produktionstechnischer Maßnahmen unabdingbar zur Festigung des Vertrauens seitens der Abnehmer und Verbraucher.
Zu berücksichtigen sind auch entsprechende Vorgaben in bestimmten Förderprogrammen in Form von Aufzeichnungen über durchgeführte Behandlungen. Letztendlich ist eine exakte Dokumentation für ein zu einem späteren Zeitpunkt stattfindendes Beratungsgespräch unerlässlich.
Dem Landwirt stehen eine Vielzahl von **Dokumentationshilfen** zur Verfügung. Das Angebot erstreckt sich vom einfachen Feldbuch über verschiedene Formen der Schlagkartei bis zur elektronischen Erfassung und Auswertung über spezielle PC-Programme.
Folgende **Aufzeichnungen** über die Anwendungen von Pflanzenschutzmitteln sind **verpflichtend:**
- Name des Anwenders,
- Bezeichnung des Pflanzenschutzmittels,
- Zeitpunkt der Anwendung (Datum),
- Aufwandmenge oder -mengen,
- Behandelte Fläche (z. B. Bezeichnung der behandelten Fläche),
- Kulturpflanze (oder Pflanzenerzeugnis),

Zusätzlich sind folgende Aufzeichnungen für eine spätere Beurteilung von Pflanzenschutzmaßnahmen **empfehlenswert:**

- Schadorganismus oder Zweck,
- Witterungsbedingungen (z. B. Temperatur, Wind, Bewölkung),
- Entwicklungsstadium der Kultur,
- Verwendete Wassermenge und Düsen (Abdriftminderung),
- Grundlage für die Entscheidung zur Anwendung (z. B. Befallsstärke),
- Einschätzung der Wirkung,
- Besonderheiten.

Zu einer nachvollziehbaren Aufzeichnung gehört, dass sie **zeitnah** erfolgt. Zeitnah heißt, dass sie möglichst bald nach der Anwendung getätigt wird, im Regelfall spätestens nach **4 Wochen**. In Ausnahmefällen sind auch 8 Wochen akzeptabel. Es ist ratsam, auch Aufzeichnungen über alle nicht-chemischen Maßnahmen durchzuführen. Die Dokumentation aller produktionstechnischen Maßnahmen ist darüber hinaus ein wesentlicher Bestandteil einer eventuellen **Zertifizierung des Betriebes.**

➔ **Überprüfen Sie Ihr Wissen mit den Fragen 601–638.**

6.3 Anwenderschutz

6.3.1 Einkauf von Pflanzenschutzmitteln

- **Keine übertriebene Vorratshaltung.**
  - Die Präparate behalten ihre Eigenschaften nicht auf Dauer bei.
  - Unfallrisiken im Betrieb steigen, je mehr Mittel und je ältere Packungen vorhanden sind.
  - Es besteht zudem das Risiko des Widerrufs der Zulassung und eines damit verbundenen Anwendungsverbotes und einer Entsorgungspflicht.
- **Nur zugelassene Pflanzenschutzmittel kaufen.** Nur dann besteht die Gewähr, dass die Präparate hinsichtlich ihrer Anwendergefährdung richtig gekennzeichnet sind. Bei illegal eingeführten Mitteln kann das nicht der Fall sein.
  Die Einfuhr in Deutschland nicht zugelassener Mittel aus dem Ausland – auch die Mitnahme über die Grenze im Privat-Pkw – ist deshalb grundsätzlich verboten.
- Soweit wie möglich **Präparate bevorzugen,** die **keine Gefahrensymbole tragen, selektiv wirkend, Nützling schonend** und **bienenungefährlich** sind sowie **keine besondere Auflagen** (z. B. Wasserschutzgebiets-Auflagen) haben.
- **Nur unbeschädigte Originalpackungen kaufen:** Einkauf von als giftig eingestuften Pflanzenschutzmitteln nur durch Personen über 18 Jahre, von denen Einsicht und Verständnis für die mit Pflanzenschutzmitteln verbundenen Risiken erwartet werden können.
- **Keine Selbstbedienung beim Kauf von Pflanzenschutzmitteln.** Pflanzenschutzmittel dürfen nicht durch Automaten oder durch andere Formen der

Selbstbedienung in den Verkehr gebracht werden. Bei der Abgabe im Einzel- oder Versandhandel hat der Verkäufer den Erwerber über die Anwendung des Pflanzenschutzmittels, insbesondere über Verbote und Beschränkungen, zu unterrichten.

6.3.2 Aufbewahrung von Pflanzenschutzmitteln

- Pflanzenschutzmittel nur in Originalpackungen aufbewahren. *Nie umfüllen,* sonst besteht Verwechslungs- und Vergiftungsgefahr.
- Packungen und Flaschen stets *gut verschließen*, dadurch kein Verschütten, kein Austreten giftiger Dämpfe.
- Alle Präparate unter sicherem Verschluss halten, am besten in einem abschließbaren Raum oder Schrank (Giftschrank).
- Lagerräume müssen so beschaffen sein, dass Pflanzenschutzmittel nicht versickern oder über einen Abfluss in Gewässer gelangen können. Im Lagerraum dürfen keine brennbaren Materialien aufbewahrt werden.
- Präparate stets frostfrei, kühl, dunkel und trocken lagern. Präparate niemals längere Zeit in einem in der Sonne stehenden Auto belassen. Abgesehen von eventuell bestehender Entzündungsgefahr können sich verdampfende Mittel dort sehr nachteilig auf die Autoinsassen auswirken (Kopfschmerzen, Übelkeit, Verminderung des Reaktionsvermögens).
- Pflanzenschutzmittel niemals zusammen mit Nahrungs- oder Futtermitteln lagern. Verwechslungsgefahr, Geschmacksbeeinträchtigung.
- Kinder, Kunden und sonstige Nichtkundige von Pflanzenschutzmitteln fernhalten. Pflanzenschutzmittel und angesetzte Spritzbrühen nicht unbeaufsichtigt irgendwo im Betrieb stehen lassen, so dass Unkundige, die die Gefahren nicht einzuschätzen vermögen, an die Mittel gelangen können.

6.3.3 Transport von Pflanzenschutzmitteln

- Behälter dürfen nicht lecken.
- Verschlüsse müssen fest sitzen.
- Packungen müssen dicht sein.
- Gebrauchsanleitungen müssen lesbar bleiben.
- Angebrochene Behälter nicht in der Traktorkabine oder im Fahrgastraum des Pkw transportieren.
- Pflanzenschutzmittel nicht gemeinsam mit Lebens- und Futtermitteln transportieren.
- Aufgefüllte Spritzgeräte vor dem Transport überprüfen, ob durch undichte Stellen Spritzbrühe austritt.
- Bei einem Unfall, bei dem Präparate oder Behandlungsflüssigkeit auslaufen, Polizei und Hersteller des Pflanzenschutzmittels einschalten.
- Granulatstreuer erst unmittelbar vor Arbeitsbeginn auf dem Feld befüllen.

6.3.4 Ansetzen von Pflanzenschutzmitteln

- Pflanzenschutzmittel nur im Freien ansetzen, nie in Wohnräumen, Stallungen oder Lagerräumen für Lebens- und Futtermittel.
- Pflanzenschutzmittel nur mit für Pflanzenschutzmittel undurchlässigen Schutzhandschuhen ansetzen.
- Beim Ansetzen Schutzkleidung – zumindest abwaschbare Schürze – tragen.
- Pulverförmige Pflanzenschutzmittel nur im Freien besonders vorsichtig ansetzen und Staubentwicklung vermeiden.
- Bei gas- und staubförmigen Präparaten unbedingt Atemschutzmasken tragen.
- Zum Ansetzen von Pflanzenschutzmitteln nur gekennzeichnete Spezialgefäße – niemals Haushalts- oder Stallgeschirr – verwenden. Sofort nach Gebrauch gründlich reinigen. Waschwasser ins Spritzfass geben.
- Das Befüllen der Pflanzenschutzgeräte stets beaufsichtigen. Keine direkte Verbindung zwischen Füllschlauch und Behälterinhalt herstellen.
- Keine Brühe oder Pflanzenschutzmittel verschütten.
- Spritzbrühe auch nicht für kurze Zeit unbeaufsichtigt stehen lassen. Kinder und Haustiere fernhalten.
- Leerpackungen gründlich mit Wasser ausspülen. Spülwasser zur Spritzbrühe in den Tank schütten. Ausgespülte Behälter nicht achtlos wegwerfen oder für andere Zwecke verwenden, sondern sachgerecht entsorgen („Pamira“).

Beim Umgang mit Pflanzenschutzmitteln nicht rauchen, essen oder trinken!

6.3.5 Schutzkleidung für Anwender

Unabhängig von der Einstufung eines Pflanzenschutzmittels sollte mit Rücksicht auf die eigene Gesundheit stets eine geeignete, vollständige Schutzkleidung getragen werden (siehe Gebrauchsanleitung).

- **Standardschutzanzug:** Ein geeigneter Schutzanzug muss folgende Anforderungen erfüllen:
  - Atmungsaktiv, d. h. er verhindert unnötiges und belastendes Schwitzen,
  - dicht gegen feste und flüssige Partikel (auch beim Übergang in die Gasphase),
  - benzin-, öl-, laugen- sowie säurebeständig,
  - in hohem Maße reiß- und scheuerfest,
  - pflegeleicht, abwisch- und abspritzbar,
  - waschmaschinenfest,
  - leicht und elastisch.
- Leichte „Wegwerfanzüge“ sind nur bedingt geeignet. Als relativ gut haben sich bei Mitteln ohne besondere Schutzvorschriften sog. „Blaumänner“ (blaue Baumwollarbeitsanzüge) erwiesen.
- **Fußbekleidung:** Am besten geeignet sind dichte, unbeschädigte Gummistiefel.

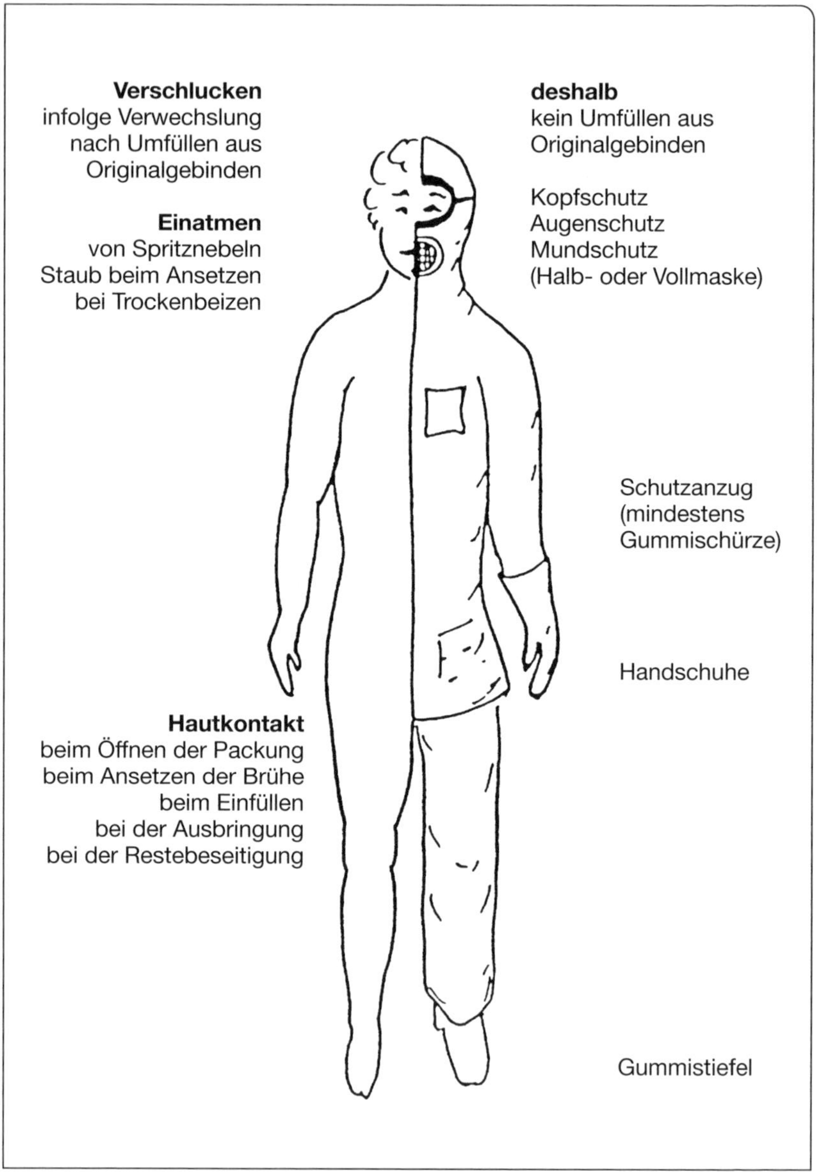

Abb. 19. Gefahren durch Pflanzenschutzmittel bei unsachgemäßer Anwendung und Vorbeugemaßnahmen

- **Kopfbedeckung:** Neben den an Schutzanzügen vorhandenen Kapuzen empfiehlt sich insbesondere ein breitkrempiger Hut in Form eines Südwesters.
- **Schutzhandschuhe:** Am besten geeignet sind Spezialhandschuhe von mindestens 30 cm Armlänge, die dicht, abriebfest und beständig gegen aggressive Stoffe und für Pflanzenschutzmittel undurchlässig sind.
- **Schutzbrille:** Diese sollte auswechselbare, beschlagfreie Kunststoffgläser besitzen, mit indirekter Belüftung ausgestattet und auch für Brillenträger verwendbar sein.
- **Atemschutzmaske:** Es gibt Halb- und Vollmasken. In geschlossenen Räumen ist die Benutzung von Vollmasken zwingend vorgeschrieben.

Für den Einsatz im Pflanzenschutz müssen die zugehörigen Maskenfilter bestimmte Merkmale aufweisen: Sie müssen einerseits wirksam sein gegen organische Dämpfe und Lösungsmittel, andererseits aber auch Schwebeteilchen und feste Partikel festhalten können.

Maskenfilter in Originalverpackung sind etwa 5 Jahre haltbar.
Filter in offenen Packungen sind auch bei Nichtbenutzung meist nur 6 Monate haltbar. Die maximale Benutzungsdauer beträgt 12–15 Stunden.

6.3.6 Verhalten bei Unfällen mit Pflanzenschutzmitteln

Bei Spritzern konzentrierter Mittel auf die Haut oder in die Augen sofort mit viel sauberem Wasser ab- und ausspülen.
Bei **Verdacht auf Vergiftungen** (Symptome: Schweißausbruch, Schwindel, Übelkeit, Kopfschmerzen)

- sofort Arbeit beenden,
- sofort Arzt verständigen,
- sofort durchnässte Kleidung wechseln,
- absolute Ruhe und Stilllagerung,
  - bei Übelkeit oder Verschlucken von Pflanzenschutzmitteln Erbrechen verursachen,
  - Patienten in stabile Seitenlage bringen,
- Packung oder Gebrauchsanleitung des verwendeten Präparates dem Arzt vorlegen.

Bei Vergiftungen von Haustieren sofort den Tierarzt rufen. Auch hier die Packung oder die Gebrauchsanleitung des Mittels dem Tierarzt vorlegen.

In Zweifelsfällen Nachfrage bei den Informations- und Behandlungszentren für Vergiftungsfälle in Deutschland (Verzeichnis siehe Seite 136). Bei Vergiftungsverdacht niemals fetthaltige Flüssigkeiten wie Milch und auch keinen Alkohol verabreichen!

➔ **Überprüfen Sie Ihr Wissen mit den Fragen 701–719.**

6.4 Verbraucherschutz

Der Erzeuger pflanzlicher Nahrungsmittel ist verpflichtet, nur Ware in den Verkehr zu bringen, die die Gesundheit des Verbrauchers in keiner Weise beeinträchtigt. Wichtigste Voraussetzung für die gesundheitliche Unbedenklichkeit ist auf pflanzenschutzlichem Gebiet die strikte Einhaltung aller den Verbraucherschutz betreffenden Vorschriften. Dies sind insbesondere

- die Rückstands-Höchstgehalteverordnung (Einhaltung von Aufwandmengen und Wartezeiten) und
- die Pflanzenschutz-Anwendungsverordnung (Anwendungsverbote und -beschränkungen).

6.4.1 Höchstgehaltefestsetzung

Höchstgehalte sind gesetzlich *definierte Grenzwerte* zum Schutz des Verbrauchers. Man versteht darunter die Spuren von Rückständen eines Pflanzenschutzmittels – gemessen in Milligramm Mittelrückstand pro Kilogramm Ware –, die zum Zeitpunkt des Inverkehrbringens noch in oder auf Lebens- und Futtermitteln vorhanden sein dürfen.

Inverkehrbringen beinhaltet das Anbieten, Vorrätig halten zur Abgabe, das Feilhalten und jedes Abgeben an andere.

Bei der Festlegung des Höchstgehaltes des Rückstandes eines Pflanzenschutzmittels in oder auf einem Nahrungsmittel wird zunächst im **Tierversuch** in Serientests mit abnehmender Wirkstoffkonzentration festgestellt, bei welcher Menge Wirkstoff die *empfindlichsten* Tiere *keinerlei Schäden* mehr zeigen, vor allem in karzinogener (Krebs erzeugender), mutagener (Erbgut verändernder) oder teratogener (Gewebe verändernder) Hinsicht.

Da aber **Menschen** unter Umständen anders reagieren als Versuchstiere und auch mehrere Wirkstoffe auf einem Nahrungsmittel zusammenkommen können, setzt man zur Sicherung der Gesundheit des Menschen die bei Tieren unschädliche Rückstandsmenge in der Regel *auf ein Hundertstel herab* und erhält damit die *duldbare Tagesdosis.*

Auf der Grundlage von Verzehrsmengen kann errechnet werden, welche Rückstände in Milligramm pro Kilogramm (mg/kg) Nahrungsmittel maximal vorhanden sein dürfen, ohne dass bei Verzehr auch über längere Zeit hinweg gesundheitliche Beeinträchtigungen zu erwarten sind.

Mit Hilfe von **Rückstandsversuchen** wird ermittelt, welcher unvermeidliche Rückstand eines Pflanzenschutzmittels bei Anwendung unter Praxisbedingungen im Erntegut verbleibt. Rückstandshöchstgehalte werden in der EU in einem Gemeinschaftsverfahren festgesetzt. Die Zulassung eines Pflanzenschutzmittels ist nur möglich, wenn für die vorgesehenen Kulturen entsprechende **Rückstandshöchstgehalte** festgesetzt und diese einhaltbar sind. Rückstandshöchstgehalte regeln zu allererst die Verkehrsfähigkeit. Bei Überschreitung des Rückstandshöchstgehaltes in einem Lebensmittel kann der Handel mit diesem

Erzeugnis versagt werden, auch wenn keine gesundheitliche Gefährdung besteht.
Die Festsetzung von Rückstandshöchstgehalten stützt sich auf Fütterungsversuche unter Einschluss hoher Sicherheitsspannen. Wird ein Pflanzenschutzmittel nach guter fachlicher Praxis angewendet, dann werden in den meisten Fällen die errechneten Werte noch deutlich unterschritten.

Rückstände von Pflanzenschutzmitteln werden in mg Wirkstoff pro kg Nahrungsmittel (ppm) angegeben. Die moderne Analytik kann heute Stoffe auch im ppb- oder ppt-Bereich nachweisen. In der Abb. 20 werden diese Maßeinheiten anschaulich erläutert.

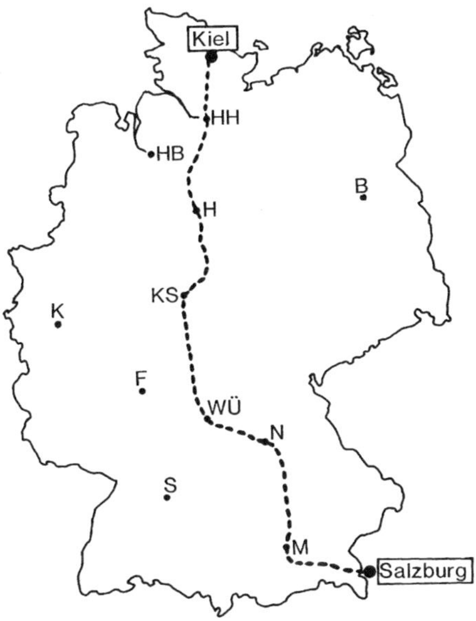

bezogen auf die Strecke von Kiel nach Salzburg (1000 km) entspricht dies:

1 Prozent (%) 1 Teil von 100 Teilen	10 Gramm pro Kilogramm	10 g/kg	10 km
1 Promille (‰) 1 Teil von 1000 Teilen	1 Gramm pro Kilogramm	1 g/kg	1 km
1 ppm (part per million) 1 Teil von 1 Million Teilen	1 Milligramm (mg) pro Kilogramm	0,001 g/kg	1 m
1 ppb (part per billion) 1 Teil von 1 Milliarde Teilen	1 Mikrogramm (µg) pro Kilogramm	0,000001 g/kg	1 mm
1 ppt (part per trillion) 1 Teil von 1 Billion Teilen	1 Nanogramm (ng) pro Kilogramm	0,000000001 g/kg	0,001 mm

Abb. 20. Größenordnung von Maßeinheiten

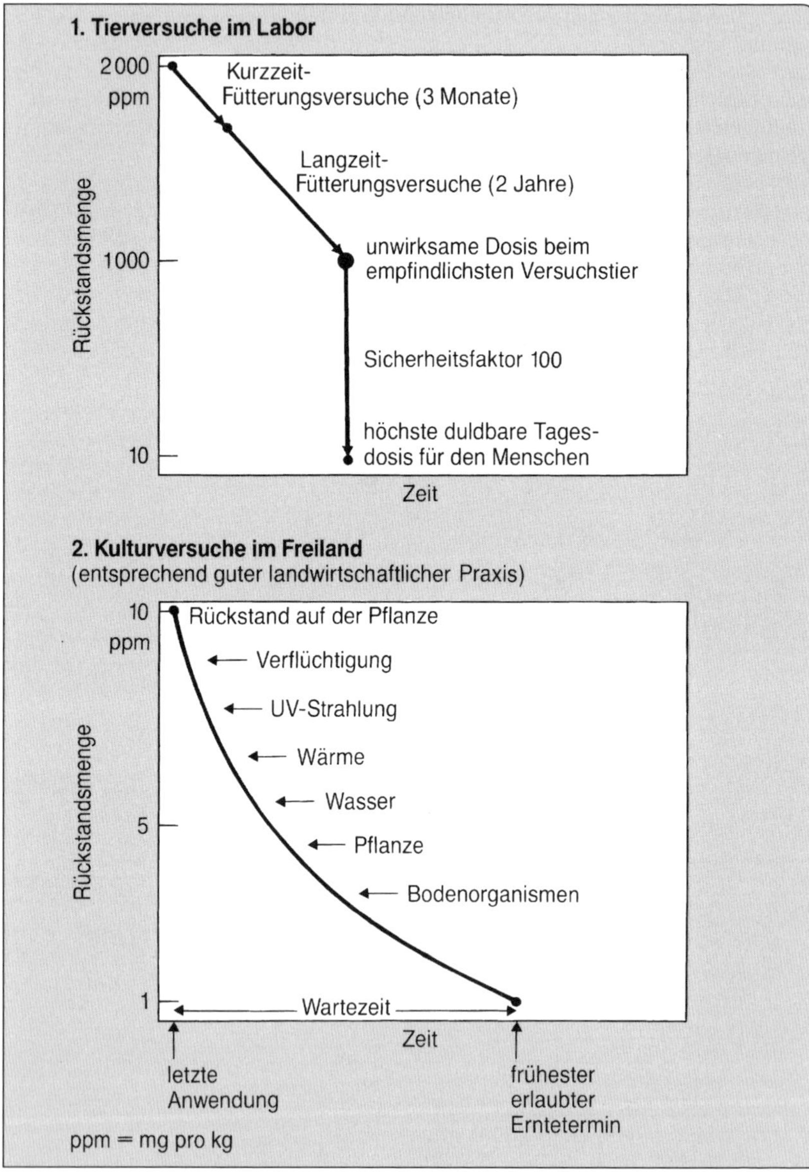

Abb. 21. Ermittlung des Rückstands-Höchstgehaltes und der Wartezeit von Pflanzenschutzmitteln

Wenn ein Pflanzenschutzmittel zur Bekämpfung eines Schadorganismus ausgebracht wird, dann bleibt es dort nicht unverändert liegen. Alle heute zugelassenen Präparate unterliegen einem *Abbauprozess,* der vor allem durch ultraviolette Bestandteile des Lichtes, Verflüchtigung, Wärme, Wasser und Mikroorganismen gesteuert wird. Die ursprüngliche Konzentration des Mittels nimmt dadurch laufend ab – das Präparat wird abgebaut.
Bei der Bekämpfung der allermeisten Schadorganismen muss die Maßnahme nicht bis unmittelbar vor dem Erntezeitpunkt fortgesetzt werden. Bei guter fachlicher Praxis ist es möglich, sie deutlich früher zu beenden. Es wird also zwischen der letzten Mittelanwendung und dem Erntezeitpunkt eine *Wartezeit* eingeschoben.
Wenn nun die Rückstandsversuche unter Einhaltung guter fachlicher Praxis, d. h. bei

- Einhalten der Aufwandmengen,
- Einhalten der Wartezeit

ergeben, dass zum Erntezeitpunkt niedrigere Rückstandswerte als bei den Fütterungsversuchen errechnet wurden, möglich sind, dann setzt der Gesetzgeber automatisch die niedrigeren Werte als *gesetzliche Höchstgehalte* fest.

Beispiele für Rückstands-Höchstgehalte von Pflanzenschutzmitteln auf oder in pflanzlichen Erzeugnissen (Stand: EU-Datenbank vom 05. 07. 2012)

Imidacloprid (Confidor WG 70)

10,00 mg/kg	Hopfen (getrocknet)
2,00 mg/kg	Grüner Salat, Feldsalat
1,00 mg/kg	Zitrusfrüchte, Tafeltrauben
0,50 mg/kg	Kernobst, Tomaten, Kartoffeln
0,30 mg/kg	Pflaumen, Kohlrabi
0,10 mg/kg	Gerste, Weizen, Roggen, Hafer
0,01 mg/kg	andere pflanzliche Lebensmittel, für die keine spezifischen Rückstands-Höchstgehalte festgesetzt sind.

Azoxystrobin (Amistar, Ortiva)

30,00 mg/kg	Hopfen (getrocknet)
10,00 mg/kg	Erdbeeren
3,00 mg/kg	Tomaten, Bohnen, Linsen
2,00 mg/kg	Bananen
0,50 mg/kg	Blumenkohl, Gerste, Hafer
0,30 mg/kg	Roggen, Weizen
0,01 mg/kg	andere pflanzliche Lebensmittel, für die keine spezifischen Rückstands-Höchstgehalte festgesetzt sind.

6.4.2 Wartezeiten

Die Bestimmungen über Wartezeiten schreiben jenen Zeitraum in Tagen vor, der zwischen der letzten Behandlung einer Kultur mit einem bestimmten Präparat bis zur Ernte bzw. frühestmöglicher Nutzung des behandelten Produkts mindestens vergehen muss. Die Spannen reichen im Allgemeinen von wenigen bis zu über 50 Tagen. Der **Buchstabe F** anstelle einer Angabe von Tagen bedeutet, dass die Wartezeit durch die Vegetationszeit abgedeckt ist, die zwischen vorgesehener Anwendung und normaler Ernte verbleibt. Der **Buchstabe N** bedeutet, dass die Festlegung einer Wartezeit ohne Bedeutung ist. Die Wartezeiten sind **Bestandteil der Gebrauchsanleitung**.

Beispiele für Wartezeiten bei Pflanzenschutzmitteln
(Quelle: Pflanzenschutzmittelverzeichnis des BVL)

Alle *Beizmittel:* F

Fungizide:

Desmel, Tilt 250EC	bei Weizen gegen Echten Mehltau, Spelzenbräune, Braunrost	35 Tage
Ridomil Gold Comb	bei Kopfsalat gegen Falschen Mehltau	21 Tage

Insektizide:

Karate Zeon	bei Getreide gegen Blattläuse	28 Tage
	bei Kopfkohlen, Blumenkohlen gegen saugende Insekten	7 Tage

Herbizide:

Aramo	bei Winterraps gegen einjährige einkeimblättrige Unkräuter	F
	bei Zwiebelgemüse gegen einjährige einkeimblättrige Unkräuter	28 Tage

Bei der überwiegenden Mehrzahl aller Herbizide ist als Wartezeit F angegeben, d. h., dass bei vorgesehener ordnungsgemäßer Anwendung die Wartezeiten auf jeden Fall innerhalb der Vegetationszeit der behandelten Kultur eingehalten werden können. Bei der Anwendung von Herbiziden in Futterpflanzen bzw. im Grünland sind bei Gras- und Heunutzung Wartezeiten festgelegt.

Die für die verschiedenen Pflanzenschutzmittel festgesetzten Wartezeiten können **sehr unterschiedlich** ausfallen. Dies beruht auf folgenden Tatsachen:

- Ein bestimmter Wirkstoff kann auf und in verschiedenen Kulturpflanzen in unterschiedlicher Geschwindigkeit abgebaut werden.

- Die verschiedenen Wirkstoffe werden unterschiedlich schnell abgebaut.
- Die letzte sinnvolle Behandlung muss in sehr unterschiedlich großem Abstand vor der Ernte ausgebracht werden (Fungizide wenige Tage, Herbizide viele Wochen vor der Ernte).

Die Einhaltung der Wartezeiten gewährleistet, dass zum Nutzungszeitpunkt des Produkts keine höheren Rückstände des Wirkstoffs vorhanden sind, als dies die Vorschriften über Höchstgehalte erlauben.

Ferner ist zu beachten:
- **Wartezeit und Abdrift:** Gelangt ein Wirkstoff durch Abdrift auf eine Nachbarkultur, die vor Ablauf der für diese Kultur gültigen Wartezeit geerntet werden könnte, ist der Verursacher verpflichtet, den Betroffenen von der Abdrift zu verständigen und die notwendigen Informationen zu geben.
- **Wartezeit und Umbruch:** Bei vorzeitigem Umbruch einer mit bestimmten Präparaten (z. B. Bodenherbiziden) behandelten Kultur ist vor dem Nachbau einer anderen, unter Umständen empfindlicheren Kultur die Einhaltung einer Wartezeit empfehlenswert. Diese kann aber nicht vorgeschrieben werden, sondern beruht auf Erfahrung. Auskünfte hierüber erteilen die Herstellerfirmen der Pflanzenschutzmittel oder die amtliche Beratung.

6.4.3 Anwendungsverbote und -beschränkungen

Um die Anwendung von besonders die Gesundheit gefährdenden oder die Umwelt belastenden Wirkstoffen völlig zu verhindern oder auf ein Mindestmaß herabzusetzen, wurde die **Pflanzenschutz-Anwendungsverordnung** erlassen.
Diese ist in mehrere Teile gegliedert und enthält für bestimmte Stoffe:
- **Vollständige Anwendungsverbote:** In dieser Liste sind Stoffe aufgeführt, deren Verwendung wegen ihrer sehr hohen Giftigkeit oder ihrer langen Verweildauer in der Umwelt heute nicht mehr zulässig ist. Diese Präparate dürfen im Inland als Pflanzenschutzmittel weder vertrieben noch angewendet werden. Beispiele: Aldrin, Atrazin, Captafol, Endrin, Lindan, Quecksilber, 2,4,5-T.
- **Eingeschränkte Anwendungsverbote:** In dieser Liste aufgeführte Wirkstoffe dürfen nur für ganz bestimmte Anwendungsgebiete verwendet werden und unterliegen z. T. der Zustimmung der zuständigen Behörde.
- **Anwendungsbeschränkungen:** Bei den in dieser Liste, Abschnitt A, aufgeführten Wirkstoffen sind die in der Gebrauchsanleitung festgelegten bußgeldbewehrten Anwendungsbestimmungen einzuhalten.
  Pflanzenschutzmittel, die aus einem der in dieser Liste, Abschnitt B, aufgeführten Stoffe bestehen oder einen solchen Stoff enthalten, dürfen nicht in Wasserschutzgebieten und Heilquellenschutzgebieten angewendet werden (siehe Kapitel Wasserschutz).

- **Besondere Abgabebedingungen:** Für Wirkstoffe, die in dieser Liste aufgeführt sind und die auf Nichtkulturland angewendet werden sollen, muss der Käufer dem Verkäufer vor der Abgabe dieser Mittel eine Genehmigung zur Anwendung vorlegen.

Ein Pflanzenschutzmittel darf nur in dem Anwendungsgebiet eingesetzt werden, für das es eine Zulassung oder eine Genehmigung hat. Der Einsatz in anderen Kulturen oder gegen andere Schaderreger stellt eine Ordnungswidrigkeit dar und ist bußgeldbewehrt.

Verantwortungsvoller Verbraucherschutz beinhaltet
- Beachtung der ausgewiesenen Aufwandmengen,
- Einhalten der vorgeschriebenen Wartezeiten,
- Einhalten der Anwendungsvorschriften.

➜ **Überprüfen Sie Ihr Wissen mit den Fragen 801–817.**

6.5 Schutz des Naturhaushaltes

Das Pflanzenschutzgesetz stellt den Schutz des Naturhaushalts vor nachteiligen Auswirkungen des Pflanzenschutzes gleichrangig neben den Schutz der Kulturpflanze und der Gesundheit von Mensch und Tier.
Im Gesetz wird definiert:
- **Naturhaushalt:** Seine Bestandteile Boden, Wasser, Luft, Tier- und Pflanzenarten sowie das Wirkungsgefüge zwischen ihnen.
- Dem Schutz des Naturhaushaltes dient auch die in § 12 aufgenommene Bestimmung, dass
  „Pflanzenschutzmittel nicht auf befestigten **Freilandflächen** und nicht auf sonstigen Freilandflächen, die weder landwirtschaftlich noch forstwirtschaftlich oder gärtnerisch genutzt werden, sowie nicht in oder unmittelbar an oberirdischen Gewässern angewandt werden dürfen."
  Unter Freilandflächen versteht das Gesetz die nicht durch Gebäude oder Überdachungen ständig abgedeckten Flächen, unabhängig von ihrer Beschaffenheit oder Nutzung; dazu gehören auch Verkehrsflächen jeglicher Art, wie Gleisanlagen, Straßen, Wege-, Hof- und Betriebsflächen sowie sonstige durch Tiefbaumaßnahmen veränderte Landflächen.

Nicht zu den landwirtschaftlich, forstwirtschaftlich und gärtnerisch genutzten Flächen zählen im Allgemeinen die angrenzenden Feldraine, Böschungen, nicht bewirtschafteten Flächen und Wege einschließlich der Wegränder. Zum Schutz der Tier- und Pflanzenarten werden bei der Zulassung der Pflanzenschutzmittel vielfach **Anwendungsbestimmungen** (bußgeldbewehrte Auflagen) erlassen, die in Abhängigkeit von der Ausstattung des Pflanzenschutzgerätes mit verlustmindernder Technik, der Breite der „Nichtzielflächen“ (Feldraine, Hecken, Gehölzinseln) und dem Anteil von Kleinstrukturen in der Agrarlandschaft unterschiedliche *Mindestabstände* festlegen.

Beispiel einer NT-Auflage:
„Die Anwendung des Mittels muss in einer Breite von mindestens 20 m zu angrenzenden Flächen (ausgenommen landwirtschaftlich oder gärtnerisch genutzte Flächen, Straßen, Wege und Plätze) mit einem verlustmindernden Gerät erfolgen, das mindestens in die Abdriftminderungsklasse 90 % eingetragen ist. Verlustmindernde Technik ist nicht erforderlich, wenn die Anwendung mit tragbaren Pflanzenschutzgeräten erfolgt oder angrenzende Flächen weniger als 3 m breit sind oder die Anwendung in einem Gebiet erfolgt, das vom Julius Kühn-Institut im „Verzeichnis der regionalisierten Kleinstrukturanteile“ als Agrarlandschaft mit einem ausreichenden Anteil an Kleinstrukturen ausgewiesen ist.“
Je nach Gefährdungspotential des Mittels sind diese Anwendungsbestimmungen unterschiedlich scharf gefasst.
Sie sind grundsätzlich bußgeldbewehrt.

6.5.1 Beseitigung von Pflanzenschutzmittelresten und -behältnissen

Leere Behältnisse und Verpackungen sowie Reste von Pflanzenschutzmitteln, die nicht mehr eingesetzt werden können, stellen *Abfall* dar und unterliegen somit den Bestimmungen des Abfallbeseitigungs-Gesetzes.
Restmengen von Pflanzenschutzmitteln lassen sich **vermeiden** durch:
- Genaue Berechnung des tatsächlichen Bedarfes,
- Kauf nur der benötigten Menge (Vorratshaltung beinhaltet die Gefahr eines zwischenzeitlichen Anwendungsverbotes. Eventuell werden die gelagerten Pflanzenschutzmittel auch durch bessere überholt.),
- Exakte Bedarfsermittlung für die Behandlungsfläche,
- Richtige Einstellung der Pflanzenschutzgeräte,
- Einhalten der Fahrgeschwindigkeit und des Druckes.

Pflanzenschutzmittelreste, Spritzflüssigkeitsreste und Wasser, das bei der Gerätereinigung anfällt, dürfen keinesfalls in Gewässer, Abflüsse, Entwässerungs- und Straßengräben, Sicherheitsschächte gelangen. Sie dürfen auch keinesfalls auf Ödland, an Wegrändern, im Wald entsorgt werden.

Sachgerechte Beseitigung

- **Spritzflüssigkeit**, die nach der Behandlung übrig bleibt, wird stark verdünnt (ca. 1:10) und auf der schon behandelten Fläche nochmals ausgebracht.
- **Präparate-Restmengen** sind *Sonderabfall* und müssen den zuständigen kommunalen Schadstoff-Sammelstellen zugeführt werden. Sie unterliegen den Bestimmungen des Abfallbeseitigungs-Gesetzes. Stadtverwaltung oder Kreisverwaltung geben Auskunft über die nächstgelegene Sammelstelle bzw. ob und wann spezielle Sammelaktionen (Giftmobil) stattfinden.
- **Leere Verpackungen** sind sorgfältig zu spülen (Spülwasser in Spritzgerät!). Sie dürfen nicht weiter verwendet werden. Die entleerten und sauber gespülten Verpackungen sind zu festgelegten Terminen über die PAMIRA-Sammelstellen zu beseitigen. Die Orte und Annahmezeitpunkte sind beim Handel zu erfragen.
  Für Pflanzenschutzmittel für den Haus- und Kleingartenbereich gilt:
  Leere, gespülte Verpackungen, sofern sie das Wertstoffzeichen „grüner Punkt" tragen, den Wertstoffsammlungen zuführen.
  Leere, gespülte Verpackungen ohne dieses Zeichen können über den Hausmüll entsorgt werden.
- **Pflanzenschutzmittel, deren Zulassung abgelaufen ist:**
  Die Zulassung eines Pflanzenschutzmittels ist zeitlich begrenzt. Der **Vertriebsunternehmer** muss sich daher stets über den Zulassungsstand der von ihm vertriebenen Pflanzenschutzmittel auf dem Laufenden halten. Ein Pflanzenschutzmittel, dessen Zulassung nach dem 13. Juni 2011 endet, darf noch innerhalb eines Zeitraums von sechs Monaten vertrieben (d. h. verkauft, verschenkt) werden. Das Pflanzenschutzmittel ist anschließend aus dem Verkaufsangebot zu nehmen und fachgerecht zu entsorgen.
  Eine Rücknahmeverpflichtung der Hersteller kann unter bestimmten Voraussetzungen durch den amtlichen Pflanzenschutzdienst angeordnet werden.
  Beim **Anwender** stehende Pflanzenschutzmittel dürfen noch innerhalb eines Zeitraums von 18 Monaten, gerechnet ab dem Tag des Endes der Zulassung angewandt werden, sofern keine Anwendungsverbote bestehen oder der amtliche Pflanzenschutzdienst die Anwendung im Rahmen einer Allgemeinverfügung nicht untersagt hat.

- Nach Ablauf der Zulassung nach dem 13.Juni 2011 dürfen Pflanzenschutzmittel noch sechs Monate vertrieben werden. Der Anwender kann sie noch 18 Monate aufbrauchen, sofern kein Anwendungsverbot besteht.
- Restmengen lassen sich vermeiden
  – bei überlegtem Mitteleinkauf,
  – richtiger Bedarfsberechnung,
  – exakter Geräteeinstellung.

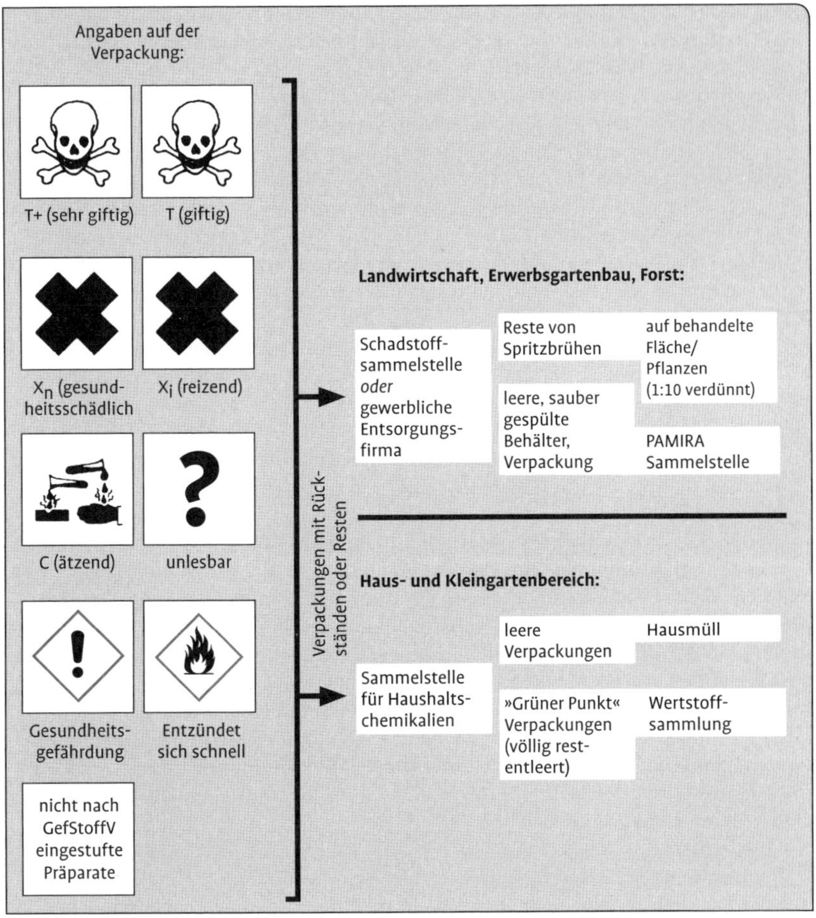

Abb. 22. Beseitigung der Reste von Pflanzenschutzmitteln und der gebrauchten Verpackungen

6.5.2 Trink- und Grundwasserschutz

Wasser ist das wichtigste Lebensmittel. Es ist absolut unentbehrlich für jegliches pflanzliche, tierische und menschliche Leben.
Der Schutz des Wassers vor Verunreinigungen jeder Art hat höchste Priorität und liegt im eigenen Interesse eines jeden Mitbürgers.

Die unsachgemäße Handhabung von Pflanzenschutzmitteln und die Reinigung der Pflanzenschutzgeräte und -gebinde auf der befestigten Hoffläche können zur Gefährdung des Wassers führen.
In Oberflächengewässern (Bäche, Flüsse, Teiche, Seen) gefährdet die Einleitung von Pflanzenschutzmitteln Fische und Fischnährtiere, denn eine Reihe von Präparaten ist fischgiftig und/oder giftig für Fischnährtiere.
Grundwasservorkommen sind vor allem für die Trinkwassergewinnung von Bedeutung. Wenn Grundwasser mit Pflanzenschutzmitteln verunreinigt wird, dann verliert dieses Wasser seine Trinkwassereignung. Der Abbau der Pflanzenschutzmittel im Grundwasser erfolgt zudem wegen Sauerstoffmangel in der Tiefe entweder gar nicht oder bedeutend langsamer als an der Bodenoberfläche.
Aus diesen Gründen ist nach dem Wasserhaushaltsgesetz jedermann verpflichtet, bei Maßnahmen, mit denen Einwirkungen auf ein Gewässer verbunden sein können, besondere Sorgfalt walten zu lassen, um eine Verunreinigung des Wassers oder eine sonstige nachteilige Veränderung seiner Eigenschaften zu verhüten (§ 5, Wasserhaushaltsgesetz).
Grundwassergefährdungen können entstehen durch Präparate, die relativ leicht in den Boden eingewaschen werden, ohne

- in kurzer Zeit abgebaut oder
- an den Ton-Humuskomplex des Bodens gebunden oder
- von den Mikroorganismen zerlegt zu werden.

Werden solche Präparate über längere Zeit und mit höheren Aufwandmengen auf der gleichen Fläche ausgebracht, so ist nicht auszuschließen, dass auf durchlässigen Böden der Wirkstoff bis in das Grundwasser gelangen kann. Dies wurde in der Vergangenheit vor allem bei intensivem Maisanbau und bevorzugter Verwendung atrazinhaltiger Präparate beobachtet und hat letztendlich zu deren Anwendungsverbot geführt. Aktuell zwingen Funde eines Abbauproduktes eines Rübenherbizides in Grund- und Trinkwasser zu einer starken Einschränkung der Anwendung dieses Mittels mit gleichzeitiger Begrenzung der Aufwandmenge pro ha.
Gefährdete Flächen sind vor allem

- Karstgebiete,
- Standorte mit stark sandigen Böden oder Schotterböden,
- Standorte mit nur geringer Deckschicht über dem Grundwasser sowie
- Standorte mit intensivem Anbau.

Wasserschutzgebiete

Die Trinkwasserverordnung legt Grenzwerte für Rückstände von Pflanzenschutzmitteln fest. Für einen Einzelwirkstoff liegt der Grenzwert bei 0,0001 mg pro Liter oder 0,1 µg pro Liter Wasser, für mehrere Wirkstoffe liegt der Grenzwert bei 0,0005 mg/l bzw. 0,5 µg/l.
Trinkwasser wird regelmäßig auf Pflanzenschutzmittel-Rückstände untersucht. Zum Schutz der öffentlichen Trinkwasserversorgung vor Verunreinigungen verschiedenster Art sind Wasserschutzgebiete ausgewiesen, die im allgemeinen in drei Schutzzonen unterteilt werden.

Schutzzone I:
Diese Zone enthält den *eigentlichen Fassungsbereich* und dessen unmittelbare Umgebung und ist eingezäunt. Innerhalb dieser Zone dürfen keinerlei Fremdstoffe ausgebracht werden.

Schutzzone II:
Diese *„engere Schutzzone“* umfasst eine Fläche, von deren äußeren Grenzen Grundwasser eine Fließzeit von 50 Tagen bis zum Fassungsbereich benötigt.

Schutzzone III:
Die *„weitere Schutzzone“* umfasst in der Regel größere Flächen um die engere Schutzzone herum.
Bei sehr großen Wasserschutzgebieten kann eine weitere Unterteilung in die Zonen III A und III B erfolgen.

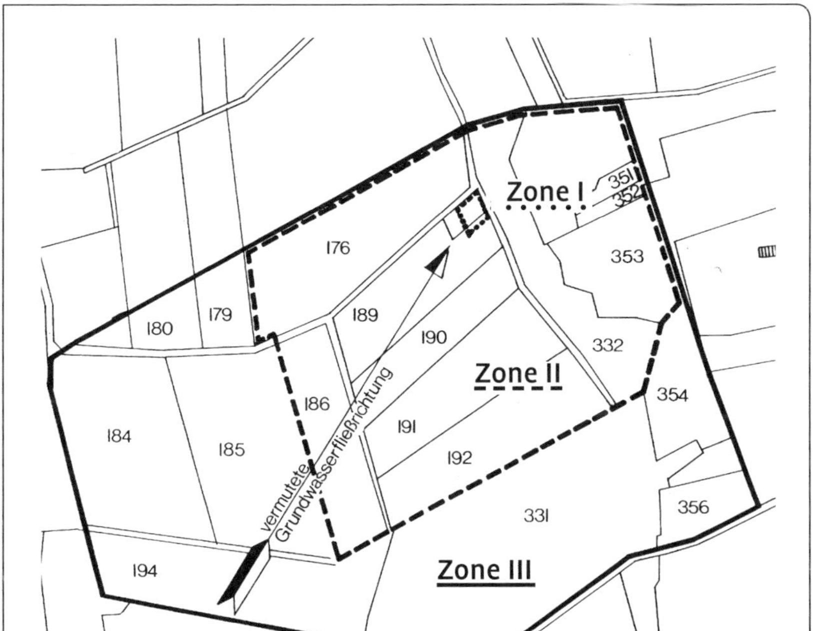

Abb. 23. **Beispiel** eines Wasserschutzgebietes
Zone I: (Fassungsbereich): Keine Anwendung von Pflanzenschutzmitteln
Zone II: (engere Schutzzone): Keine Anwendung von Pflanzenschutzmitteln
Zone III: (weitere Schutzzone): mit Wasserschutzgebiets-Auflage

Es ist Pflicht eines jeden Grundstücksbesitzers, der Pflanzenschutzmittel einsetzen will, sich zu vergewissern, ob und inwieweit seine Grundstücke in einem Wasserschutzgebiet liegen.

Auskunft über die Grenzen eines Schutzgebietes erhält der Anwender entweder von der zuständigen Gemeindeverwaltung oder vom zuständigen Wasserwirtschaftsamt.
Vor allem die Verwendung von Wirkstoffen mit ungünstigem *Versickerungsverhalten* kann zur Gefährdung des Grundwassers führen. Aus diesem Grunde werden im Rahmen der Zulassungsprüfung alle Pflanzenschutzmittel auf ihr Versickerungsverhalten untersucht.
Wird bei diesen Untersuchungen festgestellt, dass der Wirkstoff im Boden zur Versickerung neigt und demzufolge das Grundwasser gefährden kann, dann wird dieser Stoff in die **Liste 3 B der Pflanzenschutz-Anwendungsverordnung** aufgenommen.
Für den Anwender von Pflanzenschutzmitteln bedeutet dies:

Pflanzenschutzmittel, die mit einer Wasserschutzgebiets-Auflage belastet sind, dürfen im gesamten Wasserschutzgebiet nicht angewendet werden.

Pflanzenschutzmittel mit Wirkstoffen, die zur Versickerung neigen, erhalten bei der Zulassung Auflagen zum Schutz des Grundwassers.
Beispiele:
„Keine Anwendung in Zuflussbereichen (Einzugsgebieten) von Grund- und Quellwassergewinnungsanlagen, Heilquellen und Trinkwassertalsperren sowie sonstigen grundwasserempfindlichen Bereichen.“
„Keine Anwendung auf Bodenarten reiner Sand, schwach schluffiger Sand und schwach toniger Sand.“
Verstöße gegen Wasserschutzbestimmungen sind nach dem Pflanzenschutzgesetz und dem Wasserhaushaltsgesetz bußgeldbewehrte *Ordnungswidrigkeiten* und können mit *Geldbußen* bis zu 50 000 Euro geahndet werden.

6.5.3 Schutz der Oberflächengewässer

Neben dem *Grundwasser* sind auch die *Oberflächengewässer* (Bäche, Flüsse, Teiche, Seen) vor Pflanzenschutzmitteleinträgen zu schützen. Es müssen alle Anstrengungen unternommen werden, Einträge zu verhindern.
Die wichtigsten **Eintragpfade** sind
Hofabläufe, Abdrift, Abschwemmung und Drainagen.

- **Hofabläufe**
  Gelangen beim Ansetzen der Spritzbrühe, beim Füllen des Gerätes und bei der Kanisterreinigung nur kleinste Mengen an Pflanzenschutzmitteln auf die befestigte Hoffläche, so werden sie mit dem nächsten Regen über den Gully in die Kanalisation verfrachtet. Wenn trotz intensiver Beratung die Gerätereinigung auf der Hoffläche erfolgt, erhöht sich die Gefahr einer Gewässerbelastung um ein Vielfaches.
  Beispiel: Gelangen beim Befüllen des Gerätes (Überlauf) oder bei der Reinigung (technisch bedingte Restmenge im Gerät) nur fünf Liter Spritzbrühe eines Pflanzenschutzmittels, das bei einem Wirkstoffgehalt von 150 g/l mit 2,5 l/ha und 300 l/ha Wasser ausgebracht wird, in die Kanalisation, werden damit letztlich 6,25 g Wirkstoff in ein Oberflächengewässer eingebracht. Diese Menge reicht aus, um 62.500.000 l Wasser bis zu einem Grenzwert von 0,1 µg/l zu belasten.
  Pflanzenschutzmittel werden in der Kläranlage in der Regel nur unvollständig abgebaut.
  Deshalb:
  - Spritze wenn möglich auf dem Feld füllen; bei Hoffüllung streng darauf achten, dass nichts daneben geht (Überlauf),
  - Kanisterspülung auf dem Feld; Spülwasser in das Spritzgefäß,
  - Spritzenreinigung (innen und außen) immer auf dem Feld mit mitgeführtem Frischwasser, verdünnte Spritzbrühe auf der Behandlungsfläche ausbringen,
  - ungereinigte Spritzgeräte immer unter Dach abstellen.
- **Abdrift von Pflanzenschutzmitteln**
  Unter Abdrift ist das Verwehen von Spritzflüssigkeit bei der Anwendung zu verstehen. Sie erfolgt insbesondere bei falsch eingestelltem Spritzgerät, besonders bei zu hohem Druck und zu feinen Düsen, Spritzen bei starkem Wind oder Spritzen bis an den Uferrand der Gewässer.
  Zum Schutz der Gewässerorganismen werden im Rahmen der Zulassung *Mindestabstände* zu Gewässern vorgeschrieben, die bei Flächenkulturen bis zu 20 m, bei Raumkulturen (z. B. Obst, Hopfen) bis zu 50 m betragen können.
  Bei Zulassungen von Pflanzenschutzmitteln vor 1999 wurden *starre Abstandsauflagen* festgelegt.
  Beispiel: „Zwischen der behandelten Fläche und einem Oberflächengewässer muss mindestens folgender Abstand bei der Anwendung des Mittels eingehalten werden: 20 m“
  Seit 2000 werden nach dem Stand der wissenschaftlichen Erkenntnisse und der Technik *flexible Abstandsregelungen* festgelegt. Die einzuhaltenden Abstände können reduziert werden, wenn die örtlichen Bedingungen (Ufervegetation, Gewässertyp, Anwendungstechnik) zu einem geringeren Risiko führen und in der Gebrauchsanleitung auf diese Möglichkeit hingewiesen wird. Derartige Abstandsregelungen wurden nur für wenige Mittel erlassen.

Seit 2002 erfolgt die Festlegung der Mindestabstände in Abhängigkeit von der *verlustmindernden Ausrüstung* der Pflanzenschutzgeräte.
Beispiel: „Die Anwendung des Mittels auf Flächen in Nachbarschaft von Oberflächengewässern muss mit einem Gerät erfolgen, das in das Verzeichnis „Verlustmindernde Geräte" eingetragen ist. Dabei sind in Abhängigkeit von den aufgeführten Abdriftminderungsklassen der verwendeten Geräte die im Folgenden genannten Mindestabstände einzuhalten:
50 %: 5 m, 75 %: 5 m, 90 %: »*«, ≙ nach Landesrecht vorgeschriebener Mindestabstand zu Oberflächengewässern. Ohne verlustmindernde Technik: 10 m.

- **Abschwemmung von Pflanzenschutzmitteln, Drainagen**
  In Hanglagen besteht bei Starkniederschlägen oder bei Beregnung die Gefahr der Abschwemmung des Bodens und ausgebrachter Pflanzenschutzmittel in angrenzende Oberflächengewässer.
  Ein Austrag von Pflanzenschutzmitteln aus der Behandlungsfläche kann auch über die Drainage erfolgen.
  Auch für diese Problembereiche werden bei der Zulassung Auflagen und Anwendungsbestimmungen erlassen, bei deren Befolgung die Gefahr der Gewässerbelastung minimiert wird.

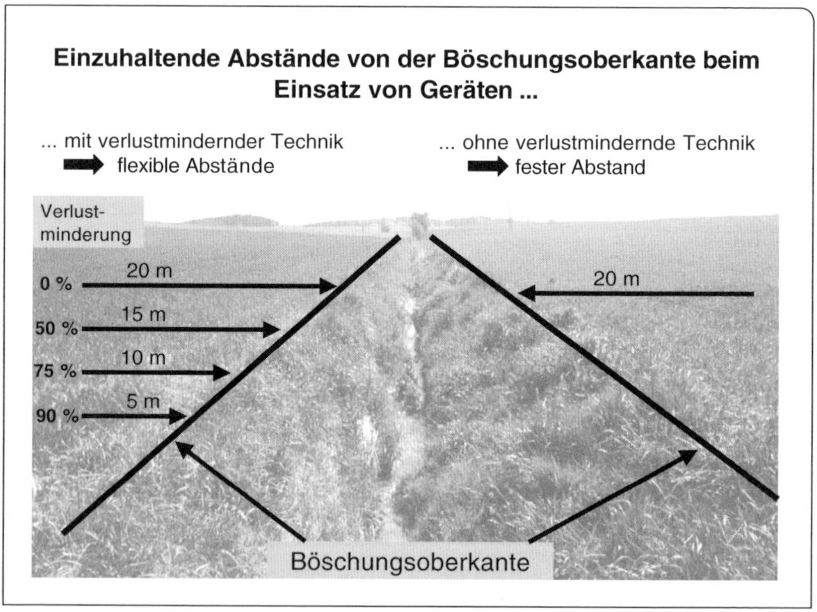

Abb. 24. Beispiel für einzuhaltende Abstände von der Böschungsoberkante beim Einsatz von Geräten

Beispiel: „Aufgrund der Gefahr der Abschwemmung muss bei der Anwendung zwischen der behandelten Fläche und Oberflächengewässern ... ein *Sicherheitsabstand* von mindestens 10 m eingehalten werden."
Der Abstand zu Oberflächengewässern wird von der Böschungsoberkante aus gemessen.

Vorsorgemaßnahmen

- **Abdrift vermeiden** durch Spritzen
  - mit angepasstem Druck,
  - mit richtigen Düsen und richtiger Düseneinstellung,
  - bei Windstille oder nur geringer Windgeschwindigkeit,
  - mit Mindestabstand zu Gewässern gemäß Gebrauchsanleitung.
- **Einleitung vermeiden**
  - Vorsicht beim Befüllen der Spritze,
  - nur mit Rücksaugschutz arbeiten,
  - Überlaufen der Spritze verhindern,
  - keine Brühereste auf den Boden ablassen,
  - Geräteinnen- und -außenreinigung auf dem Feld, verdünnte Spritzbrühe auf der Behandlungsfläche ausbringen,
  - ungereinigte Spritzgeräte vor Regen geschützt unter Dach abstellen.
- **Vorgaben der Gebrauchsanleitung** zum Gewässerschutz strikt befolgen.

Wasserverunreinigung lässt sich nicht beheben. Der beste Gewässerschutz ist gewissenhafte Vorsorge.

6.5.4 Bienenschutz

Sowohl die domestizierte **Honigbiene** als auch viele Arten von **Wildbienen** gehören zu den wichtigsten und nützlichsten Tierarten, die wir kennen. 80 % der Nutzpflanzenarten werden durch die Honigbiene bestäubt.
Bekannt sind

- ihr Sammeltrieb für Blütennektar und Pollen, der zur Produktion von Honig und Wachs führt;
- ihre unersetzbare Rolle bei der Befruchtung vieler Obst- und Futterpflanzenarten;
- ihre vorteilhafte Rolle bei der Bestäubung von Pflanzenarten, die nicht unbedingt hinsichtlich ihrer Befruchtung auf Bienen angewiesen sind (wie z. B. Raps), aber bei Bienenflug eine deutliche Ertragssteigerung zeigen.

Bienengefährdung besteht

- bei Verwendung von Pflanzenschutzmitteln, die das BVL mit der Auflage zugelassen hat, sie als „bienengefährlich" zu kennzeichnen;

- insbesondere bei Behandlung blühender Pflanzen aller Art (blühende Kulturpflanzen und Unkräuter im Bestand);
- bei Behandlung von Pflanzen, an denen der von Blattläusen ausgeschiedene „Honigtau" erkennbar auftritt, der von Bienen gesammelt wird;
- bei der Aussaat Insektizid behandelten Saatgutes durch Abrieb und Abdrift von Insektiziden;
- bei eigenmächtiger Überkonzentration eines Mittels über die höchste in der Gebrauchsanleitung für einen vorgesehenen Anwendungsbereich angegebene Konzentration hinaus, z. B. durch Reduzierung der Wassermenge pro ha;
- bei Verschütten von Brüheresten in der Flur.

Der Gesetzgeber hat deshalb die Honigbiene unter besonderen Schutz gestellt und eine „Verordnung über die Anwendung bienengefährlicher Pflanzenschutzmittel **(Bienenschutzverordnung)**" erlassen.

Bei der Kennzeichnung von Pflanzenschutzmitteln werden hinsichtlich deren Bienengefährlichkeit folgende *Kennzeichnungen* verwendet:

Es bedeuten
NB 6611 = Bienengefährlich. Die Mittel dürfen nicht auf blühende oder von Bienen beflogene Pflanzen ausgebracht werden. Zu „blühenden Pflanzen" gehören auch blühende Unkräuter.
NB 6621 = Bienengefährlich, ausgenommen bei Anwendung nach dem täglichen Bienenflug bis 23 Uhr. Diese Mittel sind bei Ausbringung auf blühende Pflanzen während des Bienenflugs bienengefährlich. Sie dürfen daher nur nach Beendigung des täglichen Bienenflugs (bis spätestens 23 Uhr) auf blühende oder von Bienen beflogene Pflanzen ausgebracht werden.
NB 663 = Bienen werden nicht gefährdet auf Grund der durch die Zulassung festgelegten Anwendungen des Mittels (z. B. Beizmittel, Bodenherbizide).
NB 6641 = Nicht bienengefährlich auf Grund einer amtlichen Prüfung bzw. auf Grund der derzeitigen Beurteilung der chemischen Zusammensetzung hinsichtlich der Wirkung auf Bienen. Beim Einsatz nicht bienengefährlicher Pflanzenschutzmittel ist die höchste als nicht bienengefährlich festgestellte Konzentration oder Aufwandmenge dem Pflanzenschutzmittelverzeichnis zu entnehmen.
Ferner schreibt die Bienenschutzverordnung vor:

- Innerhalb eines Umkreises von **60 m um einen Bienenstand** dürfen bienengefährliche Mittel während des täglichen Bienenfluges nur mit Zustimmung des Imkers angewendet werden.

Verstöße gegen die Bienenschutzverordnung sind nach dem Pflanzenschutzgesetz als Ordnungswidrigkeiten **bußgeldbewehrt.**

Vorsorgender Bienenschutz

- Bei der Maissaat Verwendung von Abrieb geprüften Insektizid behandeltem Saatgut und Abdrift geprüften Sägeräten.
- Blühende Bestände nur bei wirklich akutem Bedarf behandeln.

- Bei blühenden Pflanzen im Bestand oder bei Blattlausausscheidung („Honigtaubildung") nur bienenungefährliche Mittel verwenden.
- Wenn Spritzung blühender Bestände notwendig, dann diese möglichst gegen Abend bei abnehmendem oder beendetem Bienenflug durchführen.
- Bei Spritzmaßnahmen mit bienengefährlichen Mitteln darf keinerlei Abdrift aus der Behandlungsfläche heraus auf
  - blühende Nachbarkulturen,
  - auf Feldraine mit blühenden Pflanzen

  erfolgen.
- Vertrauensvollen Kontakt mit den Imkern suchen.
- Im Kleingartenbereich grundsätzlich nur bienenungefährliche Präparate anwenden.

6.5.5 Schutz von Nützlingen

Unter **„Nützlingen"** versteht man Tierarten, die auf Grund ihrer räuberischen oder parasitierenden Lebensweise in der Lage sind, einige für die Kulturpflanzen schädliche Tierarten zu vernichten oder zu dezimieren.

1 Raubmilbe
2 Webspinne
3 Raubwanze
4 Weichkäfer
5 Marienkäfer
6 Marienkäferlarve
7 Kurzflügler
8 Florfliege
9 Florfliegenlarve
10 Schwebfliegenlarve

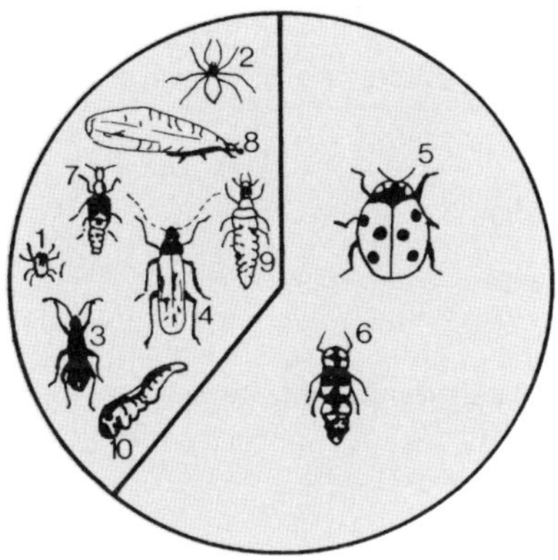

Abb. 25. Natürliche Gegenspieler von Getreideblattläusen

Vorrangig sind dies
- **Marienkäferarten,** die als Larven und Käfer Blattläuse fressen;
- **Laufkäferarten,** die u. a. Schnecken und zur Verpuppung in den Boden abwandernde Larven von Kohlschotenmücken, Sattelmücken und Kohlfliegen fressen;
- **Florfliegen-** und **Schwebfliegenlarven,** die Blattläuse fressen;

- **Radnetzspinnen**, in deren Netzen sich häufig in großer Zahl Blattläuse fangen;
- **Raub-** und **Springspinnen**, die alles fressen, was sie überwältigen können;
- **Raubmilben**, die Spinnmilben aussaugen;
- **Raubwanzen**, die Eier und Larven vieler Insekten aussaugen und
- **Schlupfwespen** aller Art, die als Parasiten ihre Eier in die Eier, Larven und Puppen verschiedenster Insektenarten ablegen, worauf die schlüpfenden Wespenlarven ihre Wirtstiere von innen her auffressen.

Beispiele hierfür:
Trichogramma evanescens gegen Maiszünsler, *Encarsia formosa* gegen Weiße Fliege.
Auch im Freiland brechen viele Blattlaus-Populationen durch die Parasitierung durch Schlupfwespen-Arten zusammen.
Nützlinge können im Freiland chemische Maßnahmen nicht völlig ersetzen, da sie sich in der Regel erst zu einem Zeitpunkt wirkungsvoll vermehrt haben, zu dem die Schädlinge bereits spürbare Schäden verursacht haben.
Nützlinge können aber sehr wohl mithelfen, die Zahl der chemischen Behandlungen zu reduzieren.
Es liegt deshalb im eigenen Interesse des Anwenders, sich die Mithilfe dieser Nützlinge nutzbar zu machen.

Tabelle 11 Fraßquoten einiger Gegenspieler von Blattläusen

Art	Fraßquote
Marienkäfer	
Käfer	120 Läuse/Tag
Larven	60–100 Läuse/Tag
während der ganzen Larvenentwicklung	ca. 680 Läuse
Florfliegen	
Fliegen	20 Läuse/Tag
Larven	30 Läuse/Tag
Schwebfliegen	
Larven	30–60 Läuse/Tag
im letzten Stadium	100 Läuse/Tag

Konsequenzen für Insektizideinsätze

- Anwendung nur, wenn unbedingt notwendig.
- Soweit wie möglich selektiv wirkende Mittel bevorzugen.
- Im gärtnerischen Unterglasanbau die Auswahl von Pflanzenschutzmitteln auf die Verträglichkeit gegenüber vorhandenen bzw. eingesetzten Nützlingen abstimmen.
- Verantwortungsbewussten Biotopschutz betreiben, d. h. alle Flächen, die nicht unmittelbar der land- und forstwirtschaftlichen sowie der gärtnerischen Produktion dienen, nicht mit Pflanzenschutzmitteln jeglicher Art belasten.
- Im Haus- und Kleingartenbereich Zurückhaltung beim Einsatz von Pflanzenschutzmitteln üben. Hier stehen keine wesentlichen wirtschaftlichen Werte auf dem Spiel. Ihre Anwendung ist dort grundsätzlich nur erlaubt, wenn sie mit der Angabe „Anwendung im Haus- und Kleingartenbereich zulässig" gekennzeichnet sind.

Auch **staatliche Förderprogramme** dienen der Nützlingsentwicklung und Artenvielfalt:

Beispiele für Programminhalte:

- *Acker- und Wiesenrandstreifen:* Durch Nichtbehandlung eines Streifens am Feldrand entlang wird nicht nur die Artenvielfalt von Pflanzen erhalten, sondern die Blüten dieser Pflanzen dienen als Nahrungsquelle für viele nützliche Insektenarten, die auf der übrigen Kulturfläche räuberisch oder parasitierend tätig werden können.
- *Wiesenbrüter:* Die vertraglich erfassten Wiesen werden erst nach Beendigung der Brutzeit der bodenbrütenden Vogelarten geschnitten. Der späte Wiesenschnitt hat u. a. die Nebenwirkung, dass sich viele nützliche Insektenarten vollständig an den blühenden Wiesenpflanzen entwickeln können.

Beispiele für Förderprogramme:

- Landschaftspflegeprogramme,
- Programme für Mager- und Trockenstandorte,
- Bayerisches Kulturlandschafts-Programm (KULAP),
- Extensivierungsprogramme.

6.5.6 Wildschutz

Der Rückgang der Niederwildstrecken in den letzten Jahren wird auch dem chemischen Pflanzenschutz angelastet.

Eindeutig nachweisbar sind einzelne Fälle von

- absichtlicher Vergiftung, besonders bei Fasan und Taube, zur Abwehr der Vögel von auflaufenden Saaten; diese Maßnahme ist nach dem Tierschutz-Gesetz strafbar;
- unbeabsichtigter Vergiftung, vor allem von Vögeln, durch die unsachgemäße Ausbringung von Sämereien, die mit vogeltoxischen Präparaten inkrustiert waren.

Möglich sind indirekte Einflüsse von Pflanzenschutzmitteln auf Niederwild, die sich deshalb negativ auswirken, weil sie dessen Lebensraum verändern.
Ein Beispiel hierfür sind junge Rebhühner, die in den ersten Lebenswochen auf Insekten als Nahrung angewiesen sind, diese aber in entsprechend behandelten Flächen nicht oder zu wenig vorfinden.
Wichtigste **Maßnahmen** zum **Wildschutz:**

- Sehr sorgfältiger Umgang mit inkrustiertem Saatgut:
  - Kein Saatgut verschütten,
  - Saatgut sorgfältig in den Boden einbringen,
  - Nachrieseln des Saatgutes beim Ausheben der Sägeräte vermeiden;
- mit Insektizidgranulaten ebenso sorgfältig wie mit inkrustiertem Saatgut umgehen;
- keinerlei Pflanzenschutzmittelanwendung auf Wegrändern, Feldrainen, Waldsaumzonen, Uferbereichen, Nichtkulturland.

➔ **Überprüfen Sie Ihr Wissen mit den Fragen 901–954.**

6.6 Sachgerechter Geräteeinsatz

Aufgabe der Pflanzenschutzgeräte ist es, Pflanzenschutzmittel zur Vorbeugung oder Bekämpfung von Pflanzenkrankheiten, Schädlingen oder Unkräutern auf eine bestimmte Fläche (Pflanze oder Boden) möglichst zielgenau und gleichmäßig zu verteilen.

6.6.1 Ausbringungsverfahren

Pflanzenschutzmittel können in verschiedenen Formen und Verfahren ausgebracht werden.

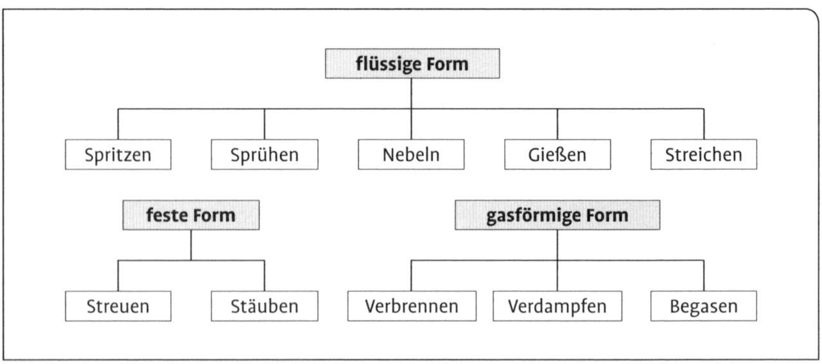

Abb. 26. Formen des Ausbringens von Pflanzenschutzmitteln

- **Spritzen:** Die Behandlungsflüssigkeit (Spritzbrühe) wird unter Druck über Düsen ausgebracht. Die Tropfengröße schwankt zwischen 0,15 und 0,60 mm Durchmesser. Im Obst-, Wein-, Hopfenbau Einsatz von Gebläsespritzen, wobei die Spritztropfen zusätzlich mit einem Luftstrom auf die Pflanzen gebracht werden.
- **Sprühen:** Die Behandlungsflüssigkeit (Brühe) wird durch Luftdruck in sehr feinen Tröpfchen (0,05–0,15 mm Durchmesser) versprüht. Der Wasserbedarf ist demzufolge geringer als beim Spritzen, wegen der kleinen Tröpfchen die Abdriftgefahr jedoch höher.
- **Nebeln:** Bei diesem Verfahren wird die Behandlungsflüssigkeit in noch kleineren Tröpfchen (0,005–0,05 mm Durchmesser) verteilt. Nur in geschlossenen Räumen geeignet.
- **Gießen:** Ausbringen der Behandlungsflüssigkeit mit einfachen (Gießkanne) oder speziellen Gießgeräten im Feldgemüse- und Gartenbau.
- **Streichen:** Bestreichen der Pflanzen mit konzentrierter Behandlungsflüssigkeit (z. B. Dochtstreichgerät zur Ampferbekämpfung).
- **Streuen:** Ausbringen von Pflanzenschutzmitteln in Granulatform.
- **Stäuben:** Das pulverförmige Pflanzenschutzmittel wird mit Hilfe eines von einem Gebläse erzeugten Luftstromes zerstäubt.
- **Verbrennen, Verdampfen:** Das Pflanzenschutzmittel kommt als Räucher- oder Verdampfungsmittel in geschlossenen Räumen zum Einsatz.
- **Begasen:** Infolge chemischer Reaktionen wird der Wirkstoff in gasförmiger Form frei (z. B. zur Bekämpfung von Vorratsschädlingen oder Wühlmäusen).
- **Beizen, Inkrustieren:** Anlagerung der Pflanzenschutzmittel an das Saatgut.

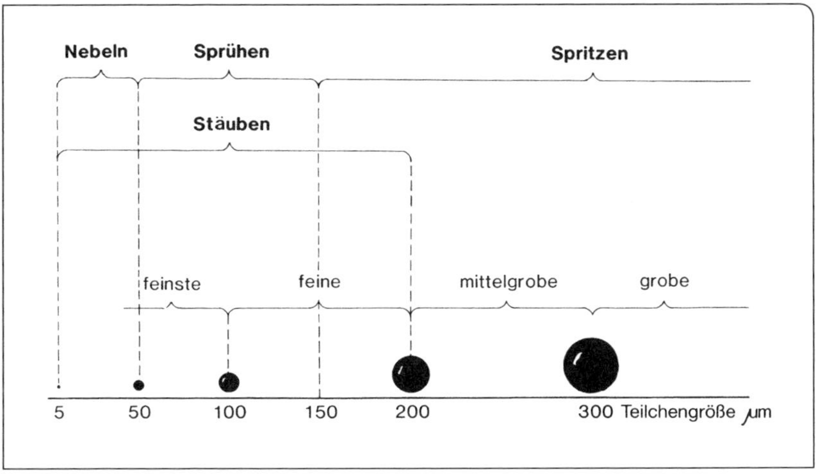

Abb. 27. Anwendungsverfahren und Teilchengröße

6.6.2 Geeignete und funktionssichere Pflanzenschutzgeräte

Gemäß Pflanzenschutzgesetz dürfen Pflanzenschutzgeräte nur in den Verkehr gebracht oder eingeführt werden, wenn sie so beschaffen sind, dass ihre bestimmungsgemäße und sachgerechte Verwendung beim Ausbringen von Pflanzenschutzmitteln keine schädlichen Auswirkungen auf die Gesundheit von Mensch und Tier und auf das Grundwasser sowie keine sonstigen schädlichen Auswirkungen, insbesondere auf den Naturhaushalt, hat, die nach dem Stand der Technik vermeidbar sind (§ 16).
Die Anforderungen an die Beschaffenheit der Pflanzenschutzgeräte sind in der Verordnung über die Prüfung von Pflanzenschutzgeräten **(Pflanzenschutzgeräteverordnung)** geregelt.

6.6.3 Beschaffenheit der Pflanzenschutzgeräte

Pflanzenschutzgeräte müssen so beschaffen sein, dass
sie zuverlässig funktionieren,

- sie sich bestimmungsgemäß und sachgerecht verwenden lassen,
- sie ausreichend genau dosieren und verteilen,
- sie sich sicher befüllen lassen,
- sie gegen Verschmutzung so gesichert sind, dass ihre Funktion nicht beeinträchtigt wird,
- Pflanzenschutzmittel nicht unbeabsichtigt austreten können,
- der Vorrat an Pflanzenschutzmitteln leicht erkennbar ist,
- sie sich leicht, genügend genau und reproduzierbar einstellen lassen,
- sie ausreichend mit genügend genau anzeigenden Betriebsmesseinrichtungen ausgestattet sind,
- sie sich vom Arbeitsplatz sicher bedienen, kontrollieren und sofort abstellen lassen,
- sie sich sicher, leicht und völlig entleeren lassen,
- sie sich leicht und gründlich reinigen lassen,
- die jeweils zu ihrer Prüfung erforderlichen Messgeräte angeschlossen werden können.

An Pflanzenschutzgeräten sind ausreichende, leicht lesbare **Dosierhinweise** (Aufwandtabellen oder -diagramme) in dauerhafter Form anzubringen oder, sofern die Außenfläche eines Pflanzenschutzgerätes nicht ausreicht oder ungeeignet ist, in dauerhafter Form mitzuliefern.
An Pflanzenschutzgeräten ist die jeweilige Typenbezeichnung oder Zugehörigkeit zum Gerätetyp anzugeben und das Baujahr zu kennzeichnen. Zerstäuber sind so zu kennzeichnen, dass Bauart, Größe und wichtige Betriebsdaten erkennbar sind.

6.6.4 Gebrauchsanleitung

Die Gebrauchsanleitung enthält Angaben
- über die bestimmungsgemäße Ausstattung des Pflanzenschutzgerätes,
- für das Befüllen des Gerätes und über Vorsichtsmaßnahmen,
- über Betriebs- und Einstellbereiche des Gerätes,
- über die Restmenge, die das Gerät nicht mehr bestimmungsgemäß ausbringt,
- für das Entleeren und Reinigen des Gerätes,
- für die Überprüfung der Dosierung,
- über die Maschenweite der Filter,
- über Abstände, nach denen das Pflanzenschutzgerät auf Funktionstauglichkeit sowie Dosierungs- und Verteilgenauigkeit zu überprüfen ist,
- über Einschränkungen der Verwendung bestimmter Pflanzenschutzmittel,
- für das Umstellen auf andere Rüstzustände des Pflanzenschutzgerätes,
- über Möglichkeiten der Verbindung mit anderen Maschinen und Geräten einschließlich Sicherheitsmaßnahmen,
- für die Prüfung des Pflanzenschutzgerätes.

6.6.5 Pflichtkontrolle von Pflanzenschutzgeräten

Gemäß der *Pflanzenschutzgeräteverordnung* müssen Verfügungsberechtigte und Besitzer ihre im Gebrauch befindlichen Pflanzenschutzgeräte für Flächen- und Raumkulturen in Zeitabständen von *6 Kalenderhalbjahren* durch amtliche oder amtlich anerkannte Kontrollstellen prüfen lassen. Pflanzenschutzgeräte für *Flächenkulturen* sind mit einem horizontal ausgerichteten Spritz- oder Sprühgestänge ausgerüstet. Pflanzenschutzgeräte für *Raumkulturen* sind Geräte, die mit einem Spritz- oder Sprühgestänge mit Gebläseunterstützung ausgestattet sind. Sie werden im Obst-, Wein- und Hopfenbau sowie in anderen vergleichbaren Kulturen eingesetzt. Pflanzenschutzgeräte für Flächen- und Raumkulturen werden

Abb. 28. Prüfplakette (Beispiel)
Diese Plakette wird auf das geprüfte Gerät geklebt und enthält in dem Kasten die Anschrift des Kontrollbetriebes. Die Plakette ist 3 Jahre gültig.

Abb. 29. Schild eines Kontrollbetriebes(Beispiel)

Abb. 30. Diesen Prüfungsnachweis muss der Kontrollbetrieb auf einem DIN-A4-Schild im Betrieb anbringen (Beispiel)

als Traktoranbau, -aufbau oder -anhängegeräte oder als selbstfahrende Geräte verwendet.
Der **Prüfpflicht** unterliegen auch Spezialgeräte wie Bandspritz-, Unterblattspritz- und andere Spezialgeräte für Sonderkulturen sowie in Raumkulturen eingesetzte spezielle Spritz- und Gießgeräte im bodennahen Bereich und Schlauchspritzanlagen mit Spritzpistole zur Ampfereinzelpflanzenbekämpfung.
Nicht geprüft werden müssen handgehaltene sowie schulter- und rückentragbare Pflanzenschutzgeräte wie z. B. Sprühflaschen, Druckspeicherspritzen, Streichgeräte oder Rotationszerstäuber, handbetätigte Rückenspritzgeräte oder motorbetriebene Rückenspritz- oder -sprühgeräte, Schlauchspritzgeräte und Karrenspritzen.
Die **Prüfung** erstreckt sich auf Antrieb, Pumpe, Rührwerk, Spritzflüssigkeitsbehälter, Armaturen, Leitungssystem, Filter, Spritz- und Sprühgestänge und Düsen. Dabei werden insbesondere die Anforderungen des Abschnittes 6.6.3 überprüft. Nach erfolgreicher Prüfung wird an dem Pflanzenschutzgerät eine **Prüfplakette** (siehe Abb. 28) deutlich sichtbar und untrennbar angebracht. Sie ist so beschaffen, dass sie bei ihrer Entfernung zerstört wird. Die Plakette ist **3 Jahre** gültig. Spätestens nach Ablauf dieser Zeit muss das Pflanzenschutzgerät wieder in einer **amtlich anerkannten Kontrollstelle** überprüft werden. Befindet sich an einem im Gebrauch befindlichen Pflanzenschutzgerät keine gültige Prüfplakette, muss die nach Landesrecht zuständige Stelle den Einsatz des Gerätes untersagen. Ein Verstoß dagegen ist bußgeldbewehrt.

Ausgenommen von der Plakettenpflicht sind Neugeräte bis zu 6 Monaten nach Ingebrauchnahme. Die dann fällige Prüfung beschränkt sich auf die Pumpe, das Leitungssystem und die Düsenarbeit.
Die Farbe der vergebenen Prüfplaketten wechselt von Jahr zu Jahr, so dass sich ungültige Plaketten schon an der Farbe erkennen lassen.
Die Messeinrichtungen der Kontrollwerkstätten werden regelmäßig überprüft, um eine einwandfreie Gerätekontrolle zu gewährleisten.

6.6.6 Sachgerechter Einsatz der Pflanzenschutzgeräte

Allgemeines

- Beim Befüllen des Gerätes Vorgang stets beaufsichtigen. Keine direkte Verbindung zwischen Füllschlauch und Behälterinhalt herstellen, damit ein Rücksog verhindert wird. Überlaufen des Behälters und Verunreinigungen von öffentlichen Gewässern, Regen- und Schmutzkanal vermeiden.
- Keine Behandlung bei Temperaturen über + 25 °C vornehmen, weil auftretende Thermik unkontrollierte Wirkstoffverwehungen über große Entfernungen zur Folge haben kann. Die Arbeiten in die Morgen- und Abendstunden verlegen (geringere Abdriftgefahr).
- Die Ausbringmenge der Geräte vor Saisonbeginn und z. B. bei Düsenwechsel genau auslitern bzw. auswiegen. Die Fahrgeschwindigkeit auf der Behandlungsfläche in dem vorgesehenen Fahrgang ermitteln. Sonstige Pflanzenschutzgeräte entsprechend vorbereiten.

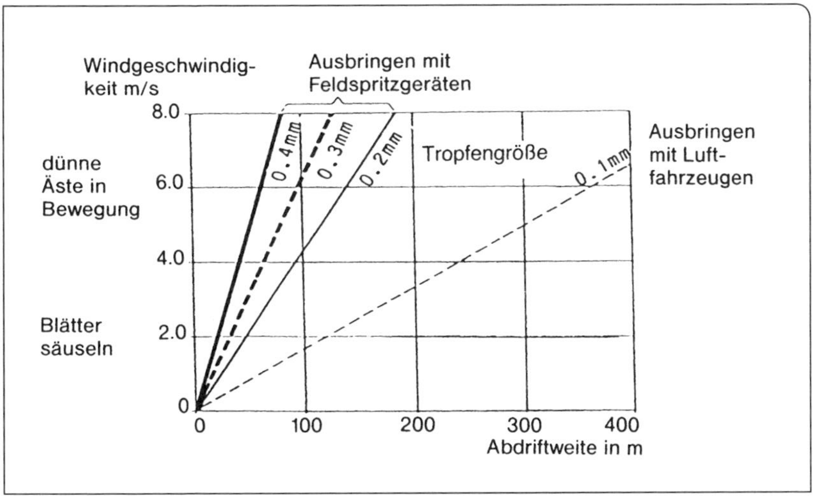

Abb. 31. Abdriftweiten von Flüssigkeitstropfen verschiedener Größe in Abhängigkeit von der Windgeschwindigkeit

- Der Geräteeinsatz hat so zu erfolgen, dass die Pflanzenschutzmittel – sofern auf Grund der Gebrauchsanleitung keine andere Verteilung vorgeschrieben wird – gleichmäßig auf der Behandlungsfläche verteilt und angelagert werden. Unvertretbare Umweltbelastungen durch Abdrift, Verdampfung u. a. sind zu vermeiden.
- Den notwendigen Bedarf an Pflanzenschutzmitteln genau errechnen; nur auf die Größe der Anwendungsfläche abgestimmte Menge an Behandlungsflüssigkeiten ansetzen. Bei schwierigen Flächenberechnungen Brühemenge unterbemessen, um gegebenenfalls eine kleine Fläche, auf der mit keinem oder geringem Befall zu rechnen ist, aussparen zu können (Vermeiden von Restmengen).
- Den Wasseraufwand entsprechend der Gebrauchsanleitung des Präparates wählen und den Betriebsdruck so niedrig wie möglich halten.
- Zu gefährdeten Objekten, wie insbesondere bebauten Gebieten, Gärten, Sport- und Freizeitstätten, Gewässern, Naturschutzgebieten, Wiesen und Weiden sowie Feldrainen, einen den Windverhältnissen (Richtung und Geschwindigkeit) angepassten, ausreichenden Sicherheitsabstand einhalten bzw. verlustmindernde Technik einsetzen, die Fahrgeschwindigkeit und den Betriebsdruck reduzieren.
- Die in der Gebrauchsanleitung des Pflanzenschutzmittels aufgeführten Anwendungsbestimmungen einhalten.
- Abdrift auf benachbarte Flächen vermeiden. Die erste Spritzbahn sollte grundsätzlich mit reduziertem Druck und verminderter Geschwindigkeit gefahren werden.
- Geräte regelmäßig warten und pflegen. Spritz- und Sprühgeräte regelmäßig kontrollieren lassen.

Feldspritzgeräte

- Wahl verlustmindernder Düsen und sachgerechte Abstimmung von Betriebsdruck und Fahrgeschwindigkeit unter Berücksichtigung der Witterungsbedingungen.
- Auf bestimmungsgemäßen Einsatz von geeigneten Düsen oder anderen Zerstäubern, bei denen die Arbeitsgenauigkeit gewährleistet ist, achten (JKI-anerkannte Düsen). Am weitesten verbreitet sind Injektordüsen mit 110–120° Spritzwinkel; der Druck ist auf die eingesetzten Düsen abzustimmen. Luftunterstützte Injektordüsen vermindern die Abdrift erheblich.
- Bei durchschnittlichen Windgeschwindigkeiten über 5 m/s (Blätter und dünne Zweige bewegen sich) Behandlungen unterlassen. Bei 3 m/s Windgeschwindigkeit zusätzliche Maßnahmen zur Abdriftvermeidung ergreifen, z. B. großtropfiger zerstäuben, langsamer fahren, Windrichtung beachten.
- Fahrgeschwindigkeit nicht größer als 8 km/h wählen.
- Genaues Anschlussfahren gewährleisten, z. B. durch Fahrgassen.

Sprühgeräte

- Verlustmindernde Düsen und Abdeckbleche verwenden.
- Bestimmungsgemäße und sachgerechte Abstimmung von Düsengröße, Düsenstellung, Betriebsdruck, Fahrgeschwindigkeit, Gebläseleistung, Luftaustrittsgeschwindigkeit und -richtung auf die zu behandelnde Kultur, deren Belaubung, Entwicklungsstadium und Standraumanordnung unter Berücksichtigung der Witterungsbedingungen.
- Bei durchschnittlicher Windgeschwindigkeit über 3 m/s (Blätter säuseln) Behandlung unterlassen.

Beizgeräte

- Grundsätzlich nur sorgfältig gereinigtes und entstaubtes Saatgut beizen.
- Die Dosierung entsprechend der Gebrauchsanleitung des Präparates einstellen und mit Hilfe von Abdrehproben exakt auf den Getreidestrom abstimmen.
- Die Getreidedurchsatzleistung des Beizgerätes im Interesse einer guten Beizmittelverteilung des Präparates anpassen und nach Möglichkeit unter der Nennleistung einstellen.
- Beizgeräte nur mit funktionsfähiger Absaugeinrichtung einsetzen, damit Beizmittelstäube oder -dämpfe nicht in die Raumluft gelangen.
- Beizen und Absacken von gebeiztem Saatgut in jedem Fall nur mit Schutzkleidung und Atemschutz entsprechend der Gebrauchsanleitung des Präparates vornehmen.

Granulatstreuer

- Exakte Einstellung der in der Gebrauchsanleitung des Präparates vorgeschriebenen Aufwandmenge mit Hilfe von Abdrehproben entsprechend der Gebrauchsanleitung des Granulatstreugerätes sicherstellen.
- Beim Einfüllen von Granulat in den Gerätebehälter auf keinen Fall Körner verschütten und in jedem Fall Gebrauchsanleitung des Präparates beachten.
- Das Auslaufrohr des Granulatstreugerätes unbedingt so anordnen, dass Mittel, die einer Einarbeitung bedürfen, in jedem Fall in den Boden eingebracht und abgedeckt werden und nicht oberflächlich liegen bleiben. Dies gilt auch für das Einsetzen und Ausheben des Geräts an den Feldenden.

Nebelgeräte

- Nebelgeräte entsprechend der Gebrauchsanleitung von Gerät und zugelassenem Präparat nur in geschlossenen Räumen einsetzen.
- Behandelte Räume deutlich kennzeichnen und solange unter Verschluss halten, wie es die Gebrauchsanleitung des Präparates vorschreibt.
- Lüften der Räume vor dem Wiederbetreten.

Kleingeräte

Sie werden vorrangig im Haus- und Kleingartenbereich eingesetzt.
Die für diesen Bereich zugelassenen Pflanzenschutzmittel haben meist auch entsprechende Dosierhilfen zur Einstellung der richtigen Konzentration der Spritzbrühe.

Sonstige Pflanzenschutzgeräte

Bei Verwendung von Legeflinte, Ködergerät, Polytanette ist auf den Schutz der frei lebenden Tiere besonders zu achten (sorgfältiges Einbringen des Mittels in den Boden).

6.6.7 Sachgerechtes Warten und Pflegen von Pflanzenschutzgeräten

Laufende Wartung

Vor Beginn einer jeden Spritzsaison sollte in einer Landmaschinen-Fachwerkstatt ein **gründlicher Gerätecheck** mit Hilfe z. B. der Quantitest-, Manotest- und Dositestgeräte durchgeführt werden.
Zur sachgerechten Wartung gehören ferner:

- Überprüfen der Unfallschutzeinrichtungen;
- Kontrolle des Vordruckes im Druckausgleichsbehälter;
- Überprüfen des Ölstandes und der Keilriemen- bzw. Kettenspannung;
- Kontrolle der Schlauchleitungen und deren Verschraubungen;
- Abschmieren der vorhandenen Schmierstellen;
- Reinigen aller Filtereinsätze und Kontrolle auf Beschädigungen;
- Säuberung verunreinigter Düsenmundstücke mit weicher Bürste;
- Kontrolle auf Leckwasserbildung bei der Pumpe;
- Überprüfen aller Membranen und rechtzeitiges Erneuern; bei bestimmten Pumpen sollte dies vorsorglich alle 2 Jahre erfolgen;
- Reinigung der gesamten Spritzanlage nach jedem Einsatz noch auf dem Feld mit Frischwasser aus Zusatzbehälter (diese Maßnahme stellt einen wichtigen Schritt zur Entsorgung von Restmengen dar! Siehe Abschnitt „Schutz des Naturhaushaltes");
- beim Durchspülen Schaltventile öfter betätigen;
- Zwischenreinigung von Pumpe, Schläuchen und Düsen, falls Spritzmaßnahme unvorhergesehen längere Zeit unterbrochen werden muss (z. B. bei schlechter Witterung);
- laufende Überprüfung des Volumenaufwandes l/ha mit z. B. Dosierbecher;
- Beachten aller darüber hinausgehenden speziellen Empfehlungen der Bedienungsanleitung zur Wartung und Pflege eines Gerätes.

Einwinterung

- Gründliches Reinigen außen und innen nach dem letzten Einsatz mit viel Wasser und eventuell unter Zusatz von Reinigungsmitteln. **Das Waschwasser darf nicht in die Kanalisation gelangen;**

- sorgfältiges Durchspülen und restloses Entfernen des Spülwassers aus allen Geräteteilen;
- alle Schläuche lösen und Pumpe nochmals mehrere Sekunden laufen lassen;
- Filtereinsätze ausbauen und nachreinigen;
- Düsenmundstücke herausnehmen und mit weicher Bürste säubern;
- Manometer, Pumpe, Filter und Armaturen ausbauen und frostfrei lagern;
- Pumpen- und Getriebeöl nach Vorschrift wechseln;
- bei Rotationspumpen Korrosionsschutzöl einfüllen;
- Frostschutz ist möglich, wenn 3 l einer 1:1-Mischung aus Frostschutzmittel und Wasser in den Behälter eingefüllt werden und das Gerät nochmals in Betrieb genommen wird, bis die Frostschutzlösung bei den Düsen austritt.

7 Praktische Einstellung von Pflanzenschutzgeräten

7.1 Kontrolle der Ausbringmenge

Wie alle Geräte unterliegen auch Pflanzenschutzgeräte dem Verschleiß. Deshalb ist ihre sachgerechte Pflege und Wartung nach Maßgabe der Gebrauchsanleitung unbedingt erforderlich.
Wenngleich Pflanzenschutzgeräte für Flächen- und Raumkulturen alle 3 Jahre einer Pflichtkontrolle in einer amtlich anerkannten Kontrollwerkstatt unterzogen werden müssen, sollten sie zusätzlich nach oder vor jeder Spritzsaison gründlich gewartet werden, um eine ordnungsgemäße Funktion sicher zu stellen.
Selbst das bestausgerüstete Gerät kann seine Aufgaben nicht erfüllen, wenn es nicht richtig eingestellt und gewartet wird.
Schon geringe Abweichungen von der richtigen Einstellung können

- Kulturpflanzen schädigen oder vernichten,
- ungenügende Wirkung auf Krankheiten, Schädlinge und Unkräuter haben,
- die Umwelt unnötig belasten und
- u. U. erhebliche Mehrkosten verursachen.

Folgende Daten sind von Bedeutung für die Einstellung eines Pflanzenschutzgerätes:

• Düsenzahl • Düsengröße • Druck	beeinflussen die Ausbringmenge je Zeiteinheit (l/min).
• Fahrgeschwindigkeit • Arbeitsbreite	beeinflussen die Ausbringmenge je Flächeneinheit (l/ha).
• Düsenrichtung • Strahlwinkel • Düsenabstand von der Behandlungsfläche	beeinflussen die Verteilungsgüte.

7.2 Ermittlung des Wasserbedarfes (Aufwandvolumen l/ha) bei Spritz- und Sprühgeräten

Verfahren 1: Ermittlung durch Überfahren einer Messstrecke

- Prüfen, ob alle Düsen einwandfrei arbeiten;
- empfohlenen Druck einstellen,
- Düsen schließen und Wasser bis zu einer bestimmten Marke am Behälter (am besten randvoll) auffüllen;
- Standort des Gerätes genau kennzeichnen;
- Messstrecke gleichmäßig schnell und mit fliegendem Start überfahren;
- Gerät nur zwischen den Messmarken (100 m Prüfstrecke) einschalten;
- verbrauchte Wassermenge genau ermitteln (Auslitern).

$$\frac{\text{Wasserverbrauch auf Messstrecke in Liter} \times 10\,000}{\text{Arbeitsbreite in m} \times \text{Länge der Messstrecke in m}} = \text{Wasserbedarf l/ha}$$

Beispiel **Feldspritze:**

$$\frac{40\text{ l (verbrauchte Wassermenge)} \times 10\,000}{10\text{ m (Arbeitsbreite)} \times 100\text{ m (Prüfstrecke)}} = 400\text{ l/ha}$$

Beispiel **Sprühgerät:**

$$\frac{70\text{ l (verbrauchte Wassermenge)} \times 10\,000}{3{,}5\text{ m (Arbeitsbreite)} \times 200\text{ m (Prüfstrecke)}} = 1000\text{ l/ha}$$

Beispiel **Rückenspritze:**

$$\frac{8\text{ l (verbrauchte Wassermenge)} \times 10\,000}{2\text{ m (Arbeitsbreite)} \times 100\text{ m (Prüfstrecke)}} = 400\text{ l/ha}$$

Beispiel **Bandspritzgeräte:**

bei 6 Düsen und 25 cm Bandbreite (= 1,5 m Spritzbreite):

$$\frac{4{,}5\text{ l (verbrauchte Wassermenge)} \times 10\,000}{1{,}5\text{ m (Spritzbreite)} \times 200\text{ m (Prüfstrecke)}} = 150\text{ l/ha}$$

Verfahren 2: Ermittlung im Stand über den Einzeldüsenausstoß

Voraussetzung: Kenntnis der genauen Fahrgeschwindigkeit.

- Prüfen, ob alle Düsen einwandfrei arbeiten;
- Spritzdruck für das gewünschte Aufwandvolumen (l/ha) einstellen;
- Ausbringvolumen z. B. mit Stoppuhr, Dosierzylinder, Messbecher bei mehreren Düsen ermitteln und den durchschnittlichen Einzeldüsenausstoß in l/min errechnen.

$$\frac{\text{Einzeldüsenausstoß in l/min} \times \text{Zahl der Düsen} \times 600}{\text{Arbeitsbreite in m} \times \text{Fahrgeschwindigkeit in km/h}} = \text{Wasserbedarf l/ha}$$

Beispiel **Feldspritze:**

$$\frac{\text{2 l/min (Düsenausstoß)} \times \text{20 (Düsenzahl)} \times 600}{\text{10 m (Arbeitsbreite)} \times \text{6 km/h (Fahrgeschwindigkeit)}} = \text{400 l/ha}$$

Beispiel **Sprühgerät:**

$$\frac{\text{4 l/min (Düsenausstoß)} \times \text{10 (Düsenzahl)} \times 600}{\text{4 m (Arbeitsbreite)} \times \text{6 km/h (Fahrgeschwindigkeit)}} = \text{1000 l/ha}$$

Beispiel **Rückenspritze:**

$$\frac{\text{2 l/min (Düsenausstoß)} \times \text{4 (Düsenzahl)} \times 600}{\text{2 m (Arbeitsbreite)} \times \text{4 km/h (Laufgeschwindigkeit)}} = \text{600 l/ha}$$

Beispiel **Bandspritzgeräte:**

$$\frac{\text{0,3 l/min (Düsenausstoß)} \times \text{6 (Düsenzahl)} \times 600}{\text{1,5 m (Spritzbreite)} \times \text{5 km/h (Fahrgeschwindigkeit)}} = \text{144 l/ha}$$

Verfahren 3: Ermittlung im Stand über den Gesamtdüsenausstoß

Voraussetzung: Kenntnis der genauen Fahrgeschwindigkeit.

- Prüfen, ob alle Düsen einwandfrei arbeiten;
- Spritzdruck für das gewünschte Aufwandvolumen (l/ha) einstellen;
- Düsen schließen und Wasser bis zu einer bestimmten Marke am Brühebehälter (am besten randvoll) auffüllen;
- Gerät einschalten und im Stand mit vorgegebenem Druck mindestens 2 Minuten arbeiten lassen;
- verbrauchte Wassermenge genau ermitteln.

$$\frac{\text{Wasserausstoß in (l/min)} \times 600}{\text{Arbeitsbreite in m} \times \text{Fahrgeschwindigkeit in km/h}} = \text{Wasserbedarf l/ha}$$

Beispiel **Feldspritze:**

$$\frac{40\ \text{l/min (Gesamtausstoß)} \times 600}{10\ \text{m (Arbeitsbreite)} \times 6\ \text{km/h (Fahrgeschwindigkeit)}} = 400\ \text{l/ha}$$

Beispiel **Sprühgerät:**

$$\frac{70\ \text{l/min (Gesamtausstoß)} \times 600}{3{,}5\ \text{m (Arbeitsbreite)} \times 6\ \text{km/h (Fahrgeschwindigkeit)}} = 2000\ \text{l/ha}$$

Beispiel **Rückenspritze:**

$$\frac{8\ \text{l/min (Gesamtausstoß)} \times 600}{2\ \text{m (Arbeitsbreite)} \times 4\ \text{km/h (Laufgeschwindigkeit)}} = 600\ \text{l/ha}$$

Beispiel **Bandspritzgeräte:**

$$\frac{2\ \text{l/min (Gesamtausstoß)} \times 600}{1{,}5\ \text{m (Spritzbreite)} \times 5\ \text{km/h (Fahrgeschwindigkeit)}} = 160\ \text{l/ha}$$

Hinweise zu Messverfahren 3:
Zur Ermittlung des Gesamt-Düsenausstoßes in l/min können selbstverständlich auch Durchfluss-Messgeräte wie z. B. Quantitest, Quantocheck oder ähnliche Verwendung finden.
Über derartige Messeinrichtungen für die Pflanzenschutz-Gerätekontrolle verfügen beispielsweise zahlreiche Landmaschinen-Fachbetriebe.

7.3 Ermittlung der Fahrgeschwindigkeit

- 100 m Messstrecke genau abmessen;
- am Traktormeter ablesen, welcher Gang bei etwa 540 Umdrehungen pro Minute Zapfwellendrehzahl für eine Fahrgeschwindigkeit von 5–7 km/h in Frage kommt;
- Prüfstrecke mit fliegendem Start und eingeschaltetem Gerät überfahren;
- Fahrzeit je Prüfstrecke in Sekunden ermitteln.

$$\frac{\text{Länge der Messstrecke in m} \times 3{,}6}{\text{Fahrzeit in Sekunden}} = \text{Fahrgeschwindigkeit in km/h}$$

Beispiel:

$$\frac{\text{100 m (Messstrecke)} \times 3{,}6}{\text{60 Sekunden (Fahrzeit)}} = 6{,}0 \text{ km/h}$$

Besondere *Hinweise:*
Besteht die Gefahr größeren Schlupfes beim späteren Feldeinsatz, ist die Fahrzeit unter den echten Praxisbedingungen (also nicht auf der Straße) zu ermitteln.
Beim Einsatz von Feldspritzen mit stärkeren Traktoren und Pumpen mit hohem Volumenstrom (l/min) kann u. U. die Motordrehzahl verringert werden.

7.4 Ermittlung der Aufwandmengen (g/m bzw. kg/ha) eines Reihenstreugerätes

Verfahren 1: Ermittlung durch Überfahren einer Messstrecke

- Alle Behälter halbhoch befüllen und prüfen, ob alle Streuorgane einwandfrei arbeiten (dabei das auslaufende Granulat auffangen);
- aus der Streutabelle den für das betreffende Granulat, die gewünschte Ausbringmenge und die voraussichtliche Fahrgeschwindigkeit erforderlichen Dosierwert ablesen und einstellen;
- an allen Streuorganen z. B. Kunststoffbeutel befestigen und Messstrecke von 100 m mit fliegendem Start überfahren;
- Gerät jeweils nur zwischen den Messpunkten einschalten;
- Alle aufgefangenen Mengen exakt wiegen und das Durchschnittsgewicht in g für eine Reihe errechnen.

$$\frac{\text{ausgebrachte Granulatmenge je Messstrecke in g}}{\text{Länge der Messstrecke in m}} = \text{Aufwandmenge g/m}$$

Beispiel:

$$\frac{\text{150 g (ausgebrachte Menge je Reihe)}}{\text{100 m (Länge des Messstrecke)}} = \text{1,5 g/m}$$

Der Gesamt-Granulataufwand kg/ha kann aus folgender Formel errechnet werden:

$$\frac{\text{ausgebrachte Granulatmenge je Messstrecke und je Reihe in g} \times 1000}{\text{Länge der Messstrecke in m} \times \text{Reihenentfernung in cm}} = \text{Aufwandmenge kg/ha}$$

Beispiel:

$$\frac{\text{150 g (ausgebrachte Menge je Reihe)} \times 1000}{\text{100 m (Länge des Messstrecke)} \times \text{50 cm (Reihenentfernung)}} = \text{30 kg/ha}$$

Verfahren 2: Ermittlung im Stand

Voraussetzung: Kenntnis der genauen Fahrgeschwindigkeit.

- Alle Behälter halbvoll befüllen und prüfen, ob alle Streuorgane einwandfrei arbeiten (dabei das auslaufende Granulat auffangen);
- aus der Streutabelle den erforderlichen Dosierwert entnehmen und einstellen;
- an allen Streuorganen Kunststoffbeutel oder ähnliches befestigen und Gerät im Stand 1–2 Minuten mit eingestellter Drehzahl in Betrieb setzen;
- aufgefangene Granulatmengen wiegen und durchschnittliche Ausbringmenge g/min je Reihe errechnen.

$$\frac{\text{aufgefangene Granulatmenge (g/min) je Reihe} \times 6}{\text{Fahrgeschwindigkeit in km/h}} = \text{Granulataufwand g/m}$$

Beispiel:

$$\frac{\text{150 g/min (ausgebrachte Menge je Reihe)} \times 6}{\text{6 km/h} \times 100} = \text{1,5 g/m}$$

Der Gesamt-Granulatbedarf kg/ha kann mit folgender Formel errechnet werden:

$$\frac{\text{aufgefangene Granulatmenge (g/min) je Reihe} \times 60}{\text{Fahrgeschwindigkeit in km/h} \times \text{Reihenentfernung in cm}} = \text{Granulatbedarf kg/ha}$$

Beispiel:

$$\frac{\text{150 g/min (ausgebrachte Menge je Reihe)} \times 60}{\text{6 km/h} \times \text{50 cm (Reihenentfernung)}} = \text{30 kg/ha}$$

Hinweis zu Verfahren 1 und 2:

Das Errechnen der Aufwandmenge g/m bzw. kg/ha mit Hilfe der Formeln erübrigt sich, wenn geeignete Tabellen zum Ablesen der Werte zur Verfügung stehen.

7.5 Ermittlung der Einfüll- bzw. Nachfüllmengen bei Pflanzenschutzgeräten

Beispiel 1:

Gegeben sind:	Behälter-Nennvolumen	800 l
	Restmenge im Behälter	0 l
	Wasseraufwand je ha	300 l
	Präparatbedarf je ha	
	Mittel A	1,5 kg
	Mittel B	1,0 l

Frage: Wie viel l Wasser, wie viel kg vom Mittel A und wie viel l vom Mittel B sind für 2,5 ha Spritzfläche einzufüllen?

Antwort:
Wasser: 300 l/ha × 2,5 ha = 750 l
Mittel A: 1,5 kg/ha × 2,5 ha = 3,75 kg
Mittel B: 1,0 l/ha × 2,5 ha = 2,50 l/ha

Beispiel 2:

Gegeben sind:	Behälter-Nennvolumen	800 l
	Behälter-Gesamtvolumen	850 l
	Restmenge im Behälter	50 l
	Brüheaufwand je ha	500 l
	empfohlene Konzentration	0,15 %

Frage 1: Wie viel l bzw. kg Präparat müssen für eine neue Behälterfüllung zugeteilt werden?

Frage 2: Für wie viel ha reicht eine neue Fassfüllung, wenn der Behälter bis auf eine Restmenge von 20 l leergespritzt werden kann?

Berechnungsformel und Antwort zu 1:

$$\frac{\text{Wassernachfüllmenge l} \times \text{Konzentration \%}}{100}$$

$$\frac{800\ \text{l} \times 0{,}15\ \%}{100} = 1{,}2\ \text{kg}$$

Berechnungsformel und Antwort zu 2:

$$\frac{\text{verfügbare Brühemenge l – Restmenge l}}{\text{Brüheaufwand l/ha}}$$

$$\frac{\text{850 l (Gesamtvolumen) – 20 l (Restmenge)}}{\text{500 l/ha (Brüheaufwand)}} = \text{1,66 ha}$$

➔ **Überprüfen Sie Ihr Wissen mit den Fragen 1001–1082.**

8 Fundstellen wichtiger Rechtsgrundlagen zum Pflanzenschutz

Neben dem Gesetz zum Schutz der Kulturpflanzen *(Pflanzenschutzgesetz)* berührt den Pflanzenschutz eine ganze Reihe von weiteren *Gesetzen* und *Verordnungen.* Der besseren Übersicht wegen erfolgt eine Zuordnung dieser Rechtsvorschriften zu den einzelnen Bereichen des Pflanzenschutzes.

8.1 Inverkehrbringen von Pflanzenschutzmitteln

- *Verordnung (EG) Nr. 1107/2009 des Europäischen Parlaments und des Rates vom 21. Oktober 2009 über das Inverkehrbringen von Pflanzenschutzmitteln und zur Aufhebung der Richtlinien 79/117/EWG und 91/414/EWG des Rates („EU-Zulassungsverordnung")* (Amtsblatt der Europäischen Union L 309 vom 24.11.2009, S.1).
- *Gesetz zum Schutz der Kulturpflanzen (Pflanzenschutzgesetz)* vom 6. Februar 2012 (BGBl. I, S. 148).
- *Verordnung über Pflanzenschutzmittel und Pflanzenschutzgeräte (Pflanzenschutzmittelverordnung)* in der Fassung der Bekanntmachung vom 9. März 2005 (BGBl. I, S. 734), zuletzt geändert am 13. Dezember 2007 (BGBl. I, S. 2930). Neue Verordnung über Zulassungs- und Genehmigungsverfahren für Pflanzenschutzmittel (Pflanzenschutzmittelverordnung) in Bearbeitung.

8.2 Nachhaltige Verwendung von Pflanzenschutzmitteln

- *Richtlinie 2009/128/EG des Europäischen Parlaments und des Rates vom 21. Oktober 2009 über einen Aktionsrahmen der Gemeinschaft für die nachhaltige Verwendung von Pestiziden („EU-Pestizidrichtlinie")* (Amtsblatt der Europäischen Union L 309 vom 24.11.2009. S. 71).

8.3 Persönliche Anforderungen für Anwender und Verkäufer von Pflanzenschutzmitteln

- *Gesetz zum Schutz der Kulturpflanzen (Pflanzenschutzgesetz) vom 6. Februar 2012* (BGBl. I, Seite 148).
- *Pflanzenschutz-Sachkundeverordnung* vom 28. Juli 1987 (BGBl. I, S. 1752) in der Fassung vom 7. Mai 2001 (BGBl. I, S. 885) zuletzt geändert am 29. Juli 2009 (BGBl. I, S. 2542). – Neue Verordnung in Bearbeitung!
- *Verordnung über Verbote und Beschränkungen des Inverkehrbringens gefährlicher Stoffe, Zubereitungen und Erzeugnisse nach dem Chemikaliengesetz (Chemikalien-Verbotsverordnung)* in der Fassung der Bekanntmachung vom 13. Juni 2003 (BGBl. I, S. 867), zuletzt geändert am 24. Februar 2012 (BGBl. I, S. 212).

8.4 Aufbewahrung, Lagerung und Transport von Pflanzenschutzmitteln

- *Gesetz zum Schutz vor gefährlichen Stoffen (Chemikaliengesetz)* in der Fassung der Bekanntmachung vom 2. Juli 2008 (BGBl. I, S. 1146), zuletzt geändert am 24. Februar 2012 (BGBl. I, S. 212).
- *Verordnung (EG) Nr. 1272/2008 des Europäischen Parlaments und des Rates vom 16. Dezember 2008 über die Einstufung, Kennzeichnung und Verpackung von Stoffen und Gemischen, zur Änderung und Aufhebung der Richtlinien 67/548/ EWG und 1999/45/EG und zur Änderung der Verordnung (EG) Nr. 1907/2006.* (Amtsblatt der Europäischen Union L 353 vom 31. 12. 2008, S. 1).
- *Verordnung zum Schutz vor Gefahrstoffen (Gefahrstoffverordnung)* vom 26. November 2010 BGBl. I, S. 1643, 1644), zuletzt geändert am 28. Juli 2011 (BGBl. I, S. 1622).
- *Gefahrgutverordnung Straße, Eisenbahn und Binnenschifffahrt* vom 17. Juni 2009 (BGBl. I, S. 1389).

8.5 Verwendung geeigneter und einwandfrei arbeitender Pflanzenschutzgeräte

- *Gesetz zum Schutz der Kulturpflanzen (Pflanzenschutzgesetz) vom 6. Februar 2012 (BGBl. I, S. 148).*
- *Verordnung über Pflanzenschutzmittel und Pflanzenschutzgeräte (Pflanzenschutzmittelverordnung)* in der Fassung der Bekanntmachung vom 9. März 2005 (BGBl. I, S. 734), zuletzt geändert am 13. Dezember 2007 (BGBl. I, S. 2930). Neue Verordnung über die Prüfung von Pflanzenschutzgeräten in Bearbeitung.
- *Verordnung über die Durchführung von Kontrollen an Pflanzenschutzgeräten* vom 5. April 1993 (GVBl., S. 233), zuletzt geändert am 16. Oktober 2009 (GVBl., S. 539). – *Neue Verordnung in Bearbeitung!*

8.6 Anwender-, Verbraucher- und Umweltschutz

8.6.1 Allgemeine Regelungen

- *Verordnung (EG) Nr. 1107/2009 des Europäischen Parlaments und des Rates vom 21. Oktober 2009 über das Inverkehrbringen von Pflanzenschutzmitteln und zur Aufhebung der Richtlinien 79/117/EWG und 91/414/EWG des Rates („EU-Zulassungsverordnung")* (Amtsblatt der Europäischen Union L 309 vom 24.11.2009, S. 1).
- *Richtlinie 2009/128/EG des Europäischen Parlaments und des Rates vom 21. Oktober 2009 über einen Aktionsrahmen der Gemeinschaft für die nachhaltige Verwendung von Pestiziden („EU-Pestizidrichtlinie")* (Amtsblatt der Europäischen Union L 309 vom 24.11.2009, S. 71).

- *Gesetz zum Schutz der Kulturpflanzen (Pflanzenschutzgesetz) vom 6. Februar 2012 (BGBl. I, S. 148)*
- *Verordnung über Anwendungsverbote für Pflanzenschutzmittel (Pflanzenschutz-Anwendungsverordnung)* vom 10. November 1992 (BGBl. I, S. 1887), zuletzt geändert am 20.12.2011 (BGBl. I, S. 2927).

8.6.2 Schutz des Anwenders

- *Verordnung zum Schutz vor Gefahrstoffen (Gefahrstoffverordnung) vom* 26. November 2010 (BGBl. I, S,. 1643, 1644), zuletzt geändert am 28. Juli 2011 (BGBI. I, S. 1622).

8.6.3 Schutz des Verbrauchers

- *Lebensmittel-, Bedarfsgegenstände- und Futtermittelgesetzbuch (Lebensmittel- und Futtermittelgesetzbuch)* in der Fassung der Bekanntmachung vom 24. August 2011 (BGBl. I, S. 1770), zuletzt geändert am 15. März 2012 (BGBl. I, S. 476).
- *Verordnung über Höchstmengen von Rückständen von Pflanzenschutz- und Schädlingsbekämpfungsmitteln, Düngemitteln und sonstigen Mitteln in oder auf Lebensmitteln (Rückstands-Höchstmengenverordnung)* in der Fassung der Bekanntmachung vom 21. Oktober 1999 (BGBl. I, S. 2082; 2002 I, S. 1004), zuletzt geändert am 19. März 2010 (BGBl. I, S. 286).
- *Verordnung (EG) Nr. 396/2005 des Europäischen Parlaments und des Rates vom 23. Februar 2005 über Höchstgehalte an Pestizidrückständen in oder auf Lebens- und Futtermitteln pflanzlichen und tierischen Ursprungs und zur Änderung der Richtlinie 91/414/EWG des Rates.* (Amtsblatt der Europäischen Union L 70 vom 16.3.2005, S. 1).

8.6.4 Schutz des Wassers

- *Richtlinie 2000/60/EG des Europäischen Parlaments und des Rates vom 23. Oktober 2000 zur Schaffung eines Ordnungsrahmens für Maßnahmen der Gemeinschaft im Bereich der Wasserpolitik (Wasser-Rahmenrichtlinie) (Amtsblatt der Europäischen Gemeinschaften L 327 vom 22. Dezember 2000, S. 1), zuletzt geändert am 5. Juni 2009 (ABl. L 140, S. 114).*
- *Gesetz zur Ordnung des Wasserhaushalts (Wasserhaushaltsgesetz)* vom 31. Juli 2009 (BGBI. I, S. 2585), zuletzt geändert am 24. Februar 2012 (BGBI. I, S. 212).
- *Verordnung zum Schutz des Grundwassers (Grundwasserverordnung) vom 9. November 2010 (BGBI. I, S. 1513).*
- *Verordnung zum Schutz der Oberflächengewässer (Oberflächengewässerverordnung) vom 20. Juli 2011 (BGBI. I, S. 1429).*
- *Bayerisches Wassergesetz* in der Fassung der Bekanntmachung vom 19. Juli 1994 (GVBl. S. 822), zuletzt geändert am 27. Juli 2009 (GVBl. S. 376).

- *Verordnung über die Qualität von Wasser für den menschlichen Gebrauch (Trinkwasserverordnung)* in der Fassung der Bekanntmachung vom 28. November 2011 (BGBI. I, S. 2370), zuletzt geändert am 22. Dezember 2011 (BGBI. I, S. 3044).
- *Gesetz zum Schutz der Kulturpflanzen (Pflanzenschutzgesetz)* vom 6. Februar 2012 (BGBl. I, S. 148).
- *Verordnung über Anwendungsverbote für Pflanzenschutzmittel (Pflanzenschutz-Anwendungsverordnung)* vom 10. November 1992 (BGBl. I, S. 1887), zuletzt geändert am 20. Dezember 2011 (BGBl. I, S. 2927).

8.6.5 Schutz der Bienen

- *Verordnung über die Anwendung bienengefährlicher Pflanzenschutzmittel (Bienenschutzverordnung)* vom 22. Juli 1992 (BGBl. I, S. 1410), zuletzt geändert am 6. August 2002 (BGBl. I, S. 3082).
- *Verordnung über das Inverkehrbringen und die Aussaat von mit bestimmten Pflanzenschutzmitteln behandeltem Maissaatgut (MaisPflSchMV)* vom 11. Februar 2009 (BAnz. 2009 Nr. 23, S. 519, geändert durch Verordnung vom 29. Juli 2009 (BGBl. I, S. 2341).

8.6.6 Artenschutz

- *Gesetz über Naturschutz und Landschaftspflege (Bundesnaturschutzgesetz)* vom 29. Juli 2009 (BGBI. I, S. 2542), zuletzt geändert am 6. Februar 2012 (BGBI. I, S. 148).
- *Gesetz über den Schutz der Natur, die Pflege der Landschaft und die Erholung in der freien Natur (Bayerisches Naturschutzgesetz)* vom 23. Februar 2011 (GVBl. 2011, S. 82).
- *Verordnung zum Schutz wild lebender Tier- und Pflanzenarten (Bundesartenschutzverordnung)* vom 16. Februar 2005 (BGBl. I, S. 258), zuletzt geändert am 29. Juli 2009 (BGBl. I, S. 2542).
- *Tierschutzgesetz* in der Fassung der Bekanntmachung vom 18. Mai 2006 (BGBl. I, S. 1206, 1313), zuletzt geändert am 9. Dezember 2010 (BGBl. I, S. 1934).

8.7 Beseitigung von Pflanzenschutzmittelresten und -behältnissen

- *Gesetz zur Förderung der Kreislaufwirtschaft und Sicherung der umweltverträglichen Bewirtschaftung von Abfällen (Kreislaufwirtschaftsgesetz)* vom 24. Februar 2012 (BGBl. I, S. 212).

9 Erklärung wichtiger Fachausdrücke im Pflanzenschutz

Abiotische Schadsymptome: Schadsymptome, verursacht durch unbelebte Umwelt z. B. Klima, Witterung, Boden, Transportmittel.
Abdrift: Unerwünschtes Verwehen von Behandlungsflüssigkeit bei der Applikation.
ADI-Wert (von engl. **a**cceptable **d**aily **i**ntake = annehmbare tägliche Aufnahme): Tägliche Höchstdosis eines Pflanzenschutzmittel-Rückstandes (mg/kg Körpergewicht), die bei lebenslanger Aufnahme ohne Einfluss auf die Gesundheit bleibt. Der ADI-Wert ist rund $^1/_{100}$ des → no-effect-levels.
Akarizid: Mittel gegen Milben (z. B. Spinnmilben).
Akkumulierung: Anhäufung, Anreicherung z. B. eines Herbizides im Boden, wenn mehrere Applikationen so rasch aufeinander folgen, dass in der Zwischenzeit kein vollständiger Abbau erfolgen kann.
Akute Wirkung: Schnell ein-(auf-)tretend, in der Pflanzenschutz-Toxikologie: Giftigkeit. Wirkung eines Mittels nach einmaliger Aufnahme.
Anfälligkeit: Unfähigkeit der Pflanze, dem Angriff eines Erregers oder eines Schadverursachers zu widerstehen; steht im umgekehrten Verhältnis zur Resistenz.
Antagonismus: Gegenwirkung z. B. zweier Substanzen oder Organismen.
Antibiotika: Vor allem von Bakterien und Pilzen gebildete Stoffe, die Mikroorganismen abtöten oder ihr Wachstum hemmen.
Antidot: Gegenmittel bei Vergiftungen.
Antikoagulantien: Stoffe, die die Blutgerinnung hemmen.
Applikation: Anwendung eines Pflanzenschutzmittels.
Arthropoden: Gliederfüßler, artenreicher Stamm der Gliedertiere (unter den Schädlingen vor allem Insekten und Milben).
Atemgift: Mittel, das über die Atmungsorgane in den Körper gelangt und von dort aus seine Wirkung entfaltet.
Attractant: Lockstoff; Substanz, die geeignet ist, Schädlinge anzulocken. Zur Herstellung von Ködermitteln verwendet.
Auflaufen: Landwirtschaft: Keimen der Nutzpflanzen, z. B. bei Getreide, wenn die jungen Pflanzen mit ihren ersten Blättern sichtbar werden.
Aufwandmenge: Die zur Bekämpfung von Schädlingen oder Pflanzenkrankheiten notwendige Menge eines Mittels in der erforderlichen Konzentration, z. B. pro Raumeinheit (Gewächshaus), Fläche, Bodenmenge.
Bakterizid: Mittel, das Bakterien tötet.
Basal: Unten gelegen (z. B. am Halmgrund).
Bazillen: Aerobe, stäbchenförmige und Sporen bildende Bakterien.
BBA: **B**iologische **B**undes**a**nstalt für Land- und Forstwirtschaft, Braunschweig (Bundes-Oberbehörde für den Pflanzenschutz im Geschäftsbereich des Bundes-

ministeriums für Ernährung, Landwirtschaft und Verbraucherschutz (BMELV), jetzt Julius Kühn-Institut (JKI), Bundesforschungsinstitut für Kulturpflanzen).
Beizen: Aufbringen von Pflanzenschutzmitteln, vor allem Fungiziden, in fester oder flüssiger Form auf Saatgut.
BfR: **B**undesinstitut **f**ür **R**isikobewertung, Berlin.
Bienenschutzverordnung: Im Rahmen des Pflanzenschutzgesetzes erlassene Verordnung für die Anwendung, Handhabung und Aufbewahrung bienengefährlicher Pflanzenschutzmittel, die nicht an blühenden Pflanzen angewendet werden dürfen.
Biologische Schädlingsbekämpfung: Bekämpfung von Schädlingen durch Einsatz ihrer natürlichen Feinde (Nützlinge, Krankheitserreger) oder Aussetzen unfruchtbar gemachter Männchen.
Bioregulatoren: Natürliche Gegenspieler von Schadorganismen (sind wesentlich an der Begrenzung deren Massenvermehrung beteiligt).
Biosphäre: Der von Lebewesen besiedelte Raum der Erdkugel, der die oberste Schicht der Erdkruste (einschließlich des Wassers) und die unterste Schicht der Atmosphäre umfasst.
Biotop: Lebensraum oder Standort von Tieren und Pflanzen, z. B. Trockenhang, Seeufer, Almwiese. Beherbergt eine bestimmte Lebensgemeinschaft oder Biozönose.
Biozid (= „Lebenstöter"): Bezeichnung für lebenstötende Substanz im weitesten Sinn (nicht identisch mit Pestiziden bzw. Pflanzenschutzmitteln).
Biozönose: Die Gesamtheit der Pflanzen und Tiere, die in vielfältigen Wechselbeziehungen untereinander in einem einheitlichen Lebensraum leben.
Blattherbizid: Unkrautbekämpfungsmittel, das bei Aufnahme durch die Blätter wirkt.
BMELV: **B**undes**m**inisterium für **E**rnährung, **L**andwirtschaft und **V**erbraucherschutz.
Bodenapplikation: Applikation eines Mittels in oder auf den Boden.
Bodenentseuchung: Bekämpfung von Schädlingen im Boden durch Wasserdampf, Hitze oder Chemikalien.
Bodenbürtig: Im Boden vorhanden.
Bodenherbizid: Unkrautbekämpfungsmittel, das über den Boden wirkt, vornehmlich über die Wurzel.
Brandkrankheiten: Eine Gruppe von Pilzkrankheiten auf verschiedenen Kulturpflanzen (z. B. Beulenbrand auf Mais), bei denen als gemeinsames Merkmal ein schwärzliches Sporenpulver auftritt.
BVL: **B**undesamt für **V**erbraucherschutz und **L**ebensmittelsicherheit. Zulassungsstelle für Pflanzenschutzmittel.
Chemischer Pflanzenschutz: Schutz von Kulturpflanzen durch Bekämpfung von Schädlingen, Krankheiten und Unkräutern mit Chemikalien synthetischer oder natürlicher Herkunft.
Chemosterilantien: Chemikalien, die zur Unfruchtbarmachung benutzt werden, z. B. bei Insekten, Milben, Nagetieren.

Chlorierte Kohlenwasserstoffe: Chlorhaltige organische Verbindungen: Lösungsmittel, Kühl- und Isoliermittel und Weichmacher (PCB), auch Pflanzenschutz- und Schädlingsbekämpfungsmittel-Wirkstoffe (letztere heute ohne Bedeutung).
Chlorose: Entfärbung (Vergilbung) von normalerweise grünem Gewebe infolge Chlorophyllzerstörung oder zu geringer Chlorophyllbildung.
Chronische Wirkung: Wirkung eines Mittels bei wiederholter Aufnahme über lange Zeit.
Dauersporen: Dickwandige Sporen, die auch unter ungünstigen Umständen längere Zeit lebensfähig bleiben.
DDT (**D**ichlor-**d**iphenyl-**t**richlorethan): Von P. Müller, Schweiz (Nobelpreis 1948) in seiner Wirkung und Anwendbarkeit erforschtes, sehr aktives Kontakt-Insektizid aus der Gruppe der chlorierten Kohlenwasserstoffe. Hat u. a. in vielen Ländern eine drastische Reduzierung der Malariafälle bewirkt. Auch im Agrarsektor gegen eine Vielzahl von Schädlingen erfolgreich eingesetzt. Wegen seiner Beständigkeit (Persistenz) bei hoher Wirksamkeit trotz geringer Giftigkeit in der Bundesrepublik Deutschland seit vielen Jahren in seiner Herstellung und Anwendung stark eingeschränkt und schließlich verboten (1972).
Desinfektion: Vernichten von Mikroorganismen, vor allem von Krankheitserregern.
Disposition: Krankheitsbereitschaft.
Dosierung: Bemessen einer Menge, Dosis.
Ektoparasit: Parasit, der sich im Wesentlichen auf der Oberfläche der Pflanze entwickelt und sich von außen von seinem Wirt ernährt.
Emission: Die von einer Anlage (z. B. Kraftwerk) in die Luft oder in das Wasser gelangenden festen, flüssigen oder gasförmigen Stoffe; ferner Wärme, Geräusche, Licht, Erschütterungen.
Emulsion: Feinste Verteilung einer Flüssigkeit in einer anderen, in der sie nicht löslich ist.
Endoparasit: Im Inneren eines Organismus lebender Parasit.
Entwesung: Vernichten von Schädlingen in einem Raum.
Epidemie: Ungewöhnlich starkes Auftreten einer Infektionskrankheit innerhalb einer begrenzten Zeitspanne; E. kann mehr oder weniger lokal begrenzt sein (z. B. Krautfäule bei der Kartoffel) oder kontinentales Ausmaß annehmen (z. B. Getreideroste).
EPPO (englisch: **E**uropean and Mediterranean **P**lant **P**rotection **O**rganization): Pflanzenschutz-Organisation für Europa und den Mittelmeerraum, der Regierungsvertreter aus 35 Ländern angehören.
FAO (englisch: **F**ood and **A**griculture **O**rganization): Ernährungs- und Landwirtschaftsorganisation der Vereinten Nationen (UN), gegründet 1945 in Quebec, Sitz Rom. Aufgaben: Technische Hilfsdienste für Entwicklungsgebiete, Verbesserung der landwirtschaftlichen Erzeugung und Verteilung. Organe: Welternährungsrat, Konferenz der Mitgliedstaaten der UN.
Fauna: Tierwelt.

Flora: Pflanzenwelt.
Formulierung: Im Pflanzenschutz oder in der Chemie: Zubereitung, Aufbereitung eines Wirkstoffes, z. B. in flüssiger, pastöser oder fester Form.
Fraßgift: Wirkstoff, der über den Verdauungstrakt wirkt, z. B. Rattengift, bestimmte Insektizide. Gegensatz: Kontaktgift.
Fruchtkörper: Einfaches bis sehr differenziertes Hyphengeflecht von Pilzen, welches Sporen enthält und trägt.
Fruchtfolge: Folge von verschiedenen Kulturen auf der selben Anbaufläche.
Fungizid: Mittel, das Pilze tötet.
Gallen: Gewebewucherungen der Pflanze auf den Reiz eines Fremdorganismus; kein selbstständiges Wachstum, zur Bildung ist die Anwesenheit des Erregers erforderlich.
Gefahrensymbole: Kennzeichnung von Chemikalien hinsichtlich ihrer Giftigkeit (T+, T, C, Xn, Xi = Kennbuchstaben).
Granulat: Ein Mittel in fester, körniger Form.
Haftmittel: Hilfsstoff, der die Haftfähigkeit von Stäube- und Spritzbelägen verbessert.
Haustorium: Pilzliches Organ, dient der Nährstoffversorgung des Erregers aus der lebenden Pflanzenzelle.
Hemmstoffe: Das Wachstum hemmende Substanzen; Antagonisten (Gegenspieler) der Wuchsstoffe, z. T. mit diesen chemisch verwandt.
Herbizid: Mittel, das Unkräuter vernichtet.
Höchstgehalt: In mg/kg (ppm) angegebene, gesetzlich zugelassene Menge von Stoffen, z. B. von Pflanzenschutzmittel-Wirkstoffen, Wachstumsreglern, Schwermetallen, die beim Inverkehrbringen in oder auf pflanzlichen und tierischen Nahrungsmitteln höchstens vorkommen darf; Rückstands-Höchstgehalteverordnung.
Immissionen: Einwirkung schädlicher Luftverunreinigungen auf Pflanzen bzw. Umwelt.
Indikationslücken: Anwendungsgebiete, für die keine Pflanzenschutzmittel zugelassen sind.
Indikationszulassung: Pflanzenschutzmittel dürfen nur in den in der Gebrauchsanleitung ausgewiesenen Kulturen und nur gegen die dort genannten Schaderreger (= Anwendungsgebiet) eingesetzt werden.
Infektion: Prozess der Eindringung und Festsetzung (Stabilisierung) eines Erregers in der Wirtspflanze.
Infektionszeit: Zeitspanne von Beginn des Erregerangriffs auf die Pflanze bis zum Erreichen eines stabilen parasitischen Verhältnisses.
Inkubationszeit: Schließt die Infektionszeit ein und reicht darüber hinaus bis zum Auftreten der Krankheitssymptome.
Innertherapeutische Wirkung: Siehe systemische Wirkung.
Insektizid: Mittel, das Insekten tötet.
Integrierter Pflanzenschutz: Eine Kombination von Verfahren, bei denen unter vorrangiger Berücksichtigung biologischer, biotechnischer, pflanzenzüchterischer

sowie anbau- und kulturtechnischer Maßnahmen die Anwendung chemischer Verfahren auf das notwendige Maß beschränkt wird.
JKI: Julius Kühn-Institut, Bundesforschungsinstitut für Kulturpflanzen, Bundes-Oberbehörde für den Pflanzenschutz im Geschäftsbereich des Bundesministeriums für Ernährung, Landwirtschaft und Verbraucherschutz (BMELV).
Juvenilhormon: Hormon, das an der Steuerung der Entwicklung von Insekten beteiligt ist. In der integrierten Schädlingsbekämpfung wird es so eingesetzt, dass es den Entwicklungszyklus stört.
Karenzzeit: Siehe Wartezeit.
Karzinogen (kanzerogen): Krebs erregend.
Kennbuchstaben: Siehe Gefahrensymbole.
Ködermittel: Mittel, das neben der Aktivsubstanz eine vom zu bekämpfenden Schädling als Nahrung bevorzugte Substanz oder einen spezifischen Lockstoff enthält.
Kontaktgift: Berührungsgift; Mittel, das durch bloße Berührung in tödlicher Dosis in den Körper eindringt, also nicht auf die Aufnahme durch den Magen-Darm-Trakt oder die Atemwege angewiesen ist.
Kontamination: Verunreinigung mit Fremdstoffen.
Konzentration: Anteil einer Komponente im Gemisch (Gehaltsangabe); z. B. Gew.-%, Vol.-%, g/l (Gramm pro Liter), mg/kg (Milligramm pro Kilogramm).
Krankheitszyklus: Kette aufeinander folgender Ereignisse im Krankheitsablauf mit den Entwicklungsstadien des Erregers und den Auswirkungen auf den Wirt.
Kumulativ: Anhäufend.
Kurative Wirkung: Therapeutische Wirkung; heilende Wirkung auf eine schon ausgebrochene Krankheit.
Larvizid: Larven tötendes Mittel.
Latente Infektion: Stadium, in dem eine Pflanze von einem Erreger infiziert ist, aber noch keine Symptome zeigt.
LD 50 (= **L**etale **D**osis): Dosis eines Stoffes, bei der nach einmaliger Verabreichung 50 % der Versuchstiere getötet werden. Dient als Maßstab für die akute Giftigkeit einer Substanz.
Leitunkraut: Unkrautart, die auf einem Standort vorherrscht oder besonders bekämpfungswürdig ist (z. B. Klettenlabkraut).
Lockstoffe: Pheromone, z. B. zur Anlockung von Insekten, Sexuallockstoffe, die arteigen bei Insekten der Anlockung des Geschlechtspartners dienen und noch in sehr großer Verdünnung über weite Entfernung wirksam sind. Attractants.
Lückenindikation: Genehmigung der Anwendung von Pflanzenschutzmitteln in bei der Zulassung nicht berücksichtigten Anwendungsgebieten.
Mikroorganismen: Pilze und Bakterien (im weiteren Sinne auch Viren).
Molluskizid: Mittel, das Mollusken, insbesondere Schnecken abtötet.
Monokotyle: Einkeimblättrige Pflanzen (z. B. Gräser, Getreide). Gegensatz: Dikotyle = zweikeimblättrige Pflanzen (z. B. Klettenlabkraut).
Monokultur: Fortwährender Anbau derselben Pflanzenart auf derselben Fläche.
Mutagen: Erbgut verändernd.

Mykorrhiza: Wurzelsymbiosen, bei denen Pilze mit den Wurzeln der Pflanzen vergesellschaftet sind; ektotrophe Mycorrhiza: Pilze wachsen vorwiegend außerhalb, endotrophe Mycorrhiza: Pilze wachsen vorwiegend innerhalb der Wurzeln.
Mykotoxine: Giftstoffe, die von Pilzen gebildet werden.
Myzel: Gesamtheit der Hyphen („Pilzfäden"), die den Thallus (= Vegetationskörper) eines Pilzes ausmacht.
Nachauflaufbehandlung: Behandlung einer Kultur, die schon aufgelaufen ist, oder Bekämpfung von Unkraut, das schon aufgelaufen ist.
Nahrungskette: Kette der vorhandenen lebenden Organismen, wobei die kleinen Lebewesen von den größeren gefressen werden, z. B. Wasserfloh – Weißfisch – Raubfisch – Seeadler. Von Bedeutung, weil sich Schadstoffe, z. B. auch persistente Pflanzenschutzmittel, in der Nahrungskette anreichern können.
Naturhaushalt: Seine Bestandteile Boden, Wasser, Luft, Tier- und Pflanzenarten sowie das Wirkungsgefüge zwischen ihnen. Komplexes Wirkungsgefüge von Produzenten (z. B. Grünpflanzen), Konsumenten (z. B. Grasfresser) und Reduzenten (Abbauer, z. B. Bakterien).
Negativprognose: Voraussage eines Zeitpunktes, bis zu dem eine Pflanzenkrankheit (z. B. die Kraut- und Knollenfäule der Kartoffel) nicht auftreten wird. Erst wenn bestimmte Summen stündlicher Temperaturwerte bei hohen Luftfeuchten einen gewissen Schwellenwert erreicht haben, beginnt die Entwicklung der Krautfäule. Durch die Negativprognose können vorbeugende Spritzungen eingespart werden.
Nekrose: Abgestorbene Zellen oder Gewebe mit brauner Verfärbung.
Nervengift: Gift, das über das Nervensystem z. B. bei Insekten wirkt.
Nematizid: Mittel, das Nematoden tötet.
Netzmittel: Stoffe, die die Oberflächenspannung von Flüssigkeiten verringern, so dass diese sich auf Oberflächen (z. B. Blätter) besser verteilen können (Verbesserung der Benetzbarkeit).
No-effect-level (englisch): Menge einer Substanz, die bei täglicher Aufnahme weder funktionelle Störungen noch strukturelle Veränderungen am Versuchstier verursacht; bei oraler Aufnahme (durch den Mund) wird diese Menge in mg/kg Körpergewicht/Tag ausgedrückt (siehe auch ADI-Wert; der ADI-Wert ist rund 1/100 des no-effect-levels).
Nützlinge: Frei lebende Tiere, die dem Menschen in irgendeiner Weise nützlich sind, z. B. im Rahmen der biologischen Schädlingsbekämpfung.
Ökologie: Wissenschaft von den Beziehungen der Lebewesen untereinander und zur unbelebten Umwelt.
Ökologisch: Auf die Umwelt bezogen.
Ökologisches Gleichgewicht: Zustand der Beziehungen der belebten und unbelebten Umwelt zueinander.
Ökosystem: Vernetztes Wirkungsgefüge von Lebewesen in ihrem gemeinsamen Lebensraum.
Oral: Aufnahme durch den Mund.
Ovizid: Mittel, das Eier abtötet.

Parasit: Organismus oder Virus, der auf oder in einem anderen lebenden Organismus lebt und von ihm Nahrung oder eine andere Leistung ohne gleichwertige Gegenleistung bezieht.
Pathogen: Krankheitserreger; Krankheit erregend.
Perkutan: Aufnahme durch die Haut.
Persistent: Ausdauernd, anhaltend, z. B. in Bezug auf Dauer der Infektionsfähigkeit von Viren im Vektor oder auf die Abbaugeschwindigkeit von Pflanzenschutzmitteln.
Pestizide (englisch: pesticide = Schädlingsbekämpfungsmittel): Häufig als Sammelbegriff für chemische Pflanzenschutzmittel verwendet.
Pflanzenhygiene: Vorbeugende Maßnahmen zur Gesunderhaltung der Nutzpflanzen (Sortenwahl, standortgerechter Anbau, Fruchtfolge, Bodenbearbeitung, Düngung, Bewässerung usw.)
Pflanzenschutz: Schutz der Kulturpflanzen vor Pflanzenkrankheiten, Schädlingen und Standortkonkurrenten sowie Schutz pflanzlicher Vorräte vor Verderbnis (Vorratsschutz).
Pflanzenschutzdienst: Die nach Landesrecht für die Durchführung des Pflanzenschutzgesetzes zuständigen Behörden oder Stellen.
Pflanzenschutzmittel: Stoffe, die dazu bestimmt sind, Pflanzen oder Pflanzenerzeugnisse vor Schadorganismen oder nicht-parasitären Beeinträchtigungen zu schützen oder die Lebensvorgänge von Pflanzen zu beeinflussen, ohne ihrer Ernährung zu dienen.
Pflanzenstärkungsmittel: Stoffe, die ausschließlich dazu bestimmt sind, die Widerstandsfähigkeit von Pflanzen gegen Schadorganismen zu erhöhen.
Pheromon: Spezifischer Duftstoff, z. B. Sexualduftstoff von Insekten, der in der Schädlingsbekämpfung als Lockstoff verwendet wird.
Physiologische Erkrankungen: Nicht-parasitäre Krankheiten, z. B. als Folge von Nährstoffmangel oder ungünstigen Witterungseinflüssen.
Phytohormon: Pflanzlicher Wuchsstoff; Pflanzenhormon, das das Wachstum steuert. In der Unkrautbekämpfung wird es so eingesetzt, dass es zu Störungen des Wachstums führt.
Phytomedizin: Wissenschaft von den kranken und beschädigten Pflanzen und der Fertigkeit, sie gesund zu erhalten oder zu heilen. Ihr Aufgabenbereich geht damit weit über denjenigen der traditionellen Pflanzenpathologie hinaus.
Phytopathologie: Die Lehre von den Pflanzenkrankheiten.
Phytotoxizität: Giftwirkung eines Mittels auf Pflanzen.
Population: Gesamtheit aller Organismen einer bestimmten Art in einem bestimmten Gebiet.
Populationsdynamik: Schwankungen der Populationsdichte und -verteilung einer Tierart in Abhängigkeit von Umweltfaktoren und arteigenen Steuerungsmechanismen.
Ppm (englisch: **p**arts **p**er **m**illion): Teile pro Million, z. B. 1 g auf 1000 kg oder 1 cm^3 auf 1 m^3.

Prädator: Nützling; nützliches Insekt oder anderes Tier, das bestimmte Schädlinge auf Kulturen frisst oder parasitiert.
Präventive Wirkung (prophylaktische Wirkung): Vorbeugende Wirkung z. B. gegen den Ausbruch einer Krankheit.
Problemunkräuter: Diejenigen Unkräuter einer Unkrautgemeinschaft, die durch Herbizide weniger gut bekämpft werden und sich deshalb übermäßig ausbreiten können.
Prognose: Vorhersage über die voraussichtliche Entwicklung eines Schaderregers und des zu erwartenden Schadens (Schadensprognose).
Quarantäne: Staatliche Kontroll- und Absperrmaßnahme, um Ein- und Verschleppung von Schadorganismen zu verhindern.
Räuchermittel: Mittel, das beim Verbrennen oder Verschwelen einen Wirkstoff haltigen Rauch zur Bekämpfung von Schädlingen abgibt. Verwendung meist in geschlossenen Räumen.
Repellent: Abschreckmittel; Mittel, das Schädlinge davon abschreckt, sich auf einer damit behandelten Fläche niederzulassen oder von einer damit behandelten Pflanze zu fressen.
Resistenz: Widerstandsfähigkeit einer Pflanze oder eines Tieres gegen einen Schaderreger oder gegen eine bestimmte Substanz.
Rodentizid: Mittel, das Nagetiere, insbesondere Ratten und Mäuse, tötet.
R-Satz: Hinweis in der Gefahrstoffverordnung auf besondere Gefahren.
Rückstände: Reste bzw. Abbauprodukte, z. B. von Pflanzenschutzmitteln, Fremd- und Zusatzstoffen in und auf Nahrungs- bzw. Futtermitteln. Im Pflanzenschutz: Siehe Wartezeiten, siehe Höchstmengen-Verordnung.
Safener: Stoff, der einem Pflanzenschutzmittel beigefügt wird, um dessen phytotoxische Wirkung auf bestimmte Pflanzen zu unterdrücken oder zu verringern.
Samenbürtig: In oder auf dem Samen vorhanden.
Saprophyt: Von totem organischem Substrat, das er nicht selbst abgetötet hat, lebender Organismus.
Schädling: Schaderreger, tierischer oder pflanzlicher Organismus (inbegriffen Viren), der durch seine Lebensweise, seine Ernährung, seinen Standort oder auf andere Weise dem Menschen, seinen Kulturen, Haustieren, Vorräten, Bauwerken usw. Schaden zufügt.
Schwächeparasiten: Krankheitserreger, die bevorzugt schon geschwächte Wirtspflanzen befallen.
Selektivität: Auswahlvermögen, spezifische Wirkung eines Pflanzenschutzmittels oder -verfahrens gegen nur eine Art (bzw. Gruppe) von Schadorganismen.
Sporen: Ein- oder mehrzellige Fortpflanzungskörper von Pilzen, meist in Massen gebildet, dienen der Verbreitung. Als Dauersporen (Ruhestadium) überdauern sie ungünstige Umweltbedingungen.
S-Satz: Sicherheitsratschlag in der Gefahrstoffverordnung.
Suspension: Gleichmäßige feine Verteilung eines unlöslichen festen Stoffes in einer Flüssigkeit.
Symbiont: Ein in einer Symbiose lebender Organismus.

Symbiose: Engstes Zusammenleben artverschiedener Organismen. Jeder Partner nutzt den anderen aus, beide ziehen aber Nutzen aus dem Zusammenleben.
Symptom: Die äußeren oder inneren Reaktionen und Veränderungen der Pflanze nach Erregerbefall oder Beschädigung.
Synergistisch: Sich gegenseitig beeinflussend im Sinne einer gesteigerten, unter Umständen neuartigen Wirkung.
Synthetisch: Künstlich (im Gegensatz zu natürlich).
Systemische Wirkung: Innertherapeutische Wirkung; Wirkung eines Mittels nach Eindringen in das pflanzliche Gewebe und Transport in den Leitungsbahnen der Pflanze.
Teratogen: Gewebe verändernd.
Toleranz: Fähigkeit eines Organismus, Krankheitsbefall ohne starke Schädigung zu ertragen.
Totalherbizid: Herbizid, das alle Pflanzen vernichtet.
Toxikologie: Lehre von den Giften und ihren Wirkungen.
Toxin: Bezeichnung für giftige Naturstoffe, z. T. mit unbekannter chemischer Struktur und unspezifischer Wirkung. Die meisten Toxine werden von Bakterien und Pilzen gebildet.
Toxizität: Giftigkeit einer Substanz.
Akute Toxizität: Giftigkeit eines Präparates bei einmaliger Aufnahme.
Subakute Toxizität: Giftigkeit bei mehrmaliger Aufnahme kleiner Mengen.
Chronische Toxizität: Giftigkeit eines Präparates, das in wiederholten Dosen verabreicht wird und bei einmaliger Gabe noch unwirksam ist.
UBA: **U**mwelt**b**undes**a**mt, Berlin.
ULV-Technik (englisch: **U**ltra **l**ow **v**olume): Applikationstechnik, bei der das Mittel sehr wenig oder gar nicht verdünnt mit Spezialgeräten vom Boden oder aus der Luft in äußerst feiner Verteilung ausgebracht wird.
Umweltfaktoren: Die auf einen Organismus einwirkenden Einflüsse der Umwelt (ökologische Faktoren); gegliedert in abiotische und biotische Faktoren.
Umweltschutz: Alle Maßnahmen zur Sicherung und Erhaltung der unbelebten und belebten Natur. Die hierzu notwendige Umweltplanung in bezug auf die erforderliche Umweltqualität orientiert sich an den Bedürfnissen der Menschen.
Vektor: Organismus, der Erreger überträgt.
Viren: Mikroorganismen, die sich nach der Infektion in lebenden Organismen vermehren.
Virose: Eine durch eine Virusart hervorgerufene Krankheit.
Vorratsschädling: Tierische Organismen, die an gelagerten Lebensmitteln und anderen Vorräten wie Wolle, Fellen, Holz Verluste verursachen.
Vorratsschutz: Schutz geernteter Pflanzenerzeugnisse vor Schadorganismen. Weltweit gehen beispielsweise jährlich ca. 25 % der Getreideernte durch Vorratsschädlinge verloren.
Vorsaat-, Vorauflauf- und **Nachauflaufmittel:** Unkrautbekämpfungsmittel, die entweder vor der Saat, vor dem Auflaufen bzw. nach dem Auflaufen der Kulturpflanzen zur Anwendung kommen.

Wachstumsregler: Stoffe, die dazu bestimmt sind, die Lebensvorgänge von Pflanzen zu beeinflussen, ohne ihrer Ernährung zu dienen und ohne sie zum Absterben zu bringen.
Warndienst: Kurzfristige Voraussage des Auftretens von Schädlingen und Krankheiten in Verbindung mit termingerechten Empfehlungen für gezielte, wirtschaftlich sinnvolle und tragbare Pflanzenschutzmaßnahmen, die der amtliche Pflanzenschutzdienst über Presse, Rundfunk, Telefon, Fax oder Online-Dienste sowie durch schriftliche Benachrichtigungen verbreitet.
Wartezeit (auch Karenzzeit): Mindestzeit, die zwischen der letzten Anwendung eines Pflanzenschutzmittels bei Kulturpflanzen und deren Ernte einzuhalten ist. Die verwendeten Pflanzenschutzmittel werden innerhalb der Wartezeit auf oder unter die erlaubte Höchstmenge abgebaut.
WHO (englisch: **W**orld **H**ealth **O**rganization): Welt-Gesundheits-Organisation, eine Organisation der Vereinten Nationen.
Wirkstoff: Die wirksame Substanz eines chemischen Präparates; im Pflanzenschutzmittel eingebettet in unterschiedlichen Aufbereitungen (Formulierungen) wie Staub, Emulsion, Granulat, Spritzpulver, Suspensionskonzentrat.
Wirkungsspektrum: Umfang der Wirkung bezogen auf die Anzahl der Arten und Entwicklungsstadien, die von einem bestimmten Mittel bekämpft werden.
Wirt: Organismus, von dem ein Parasit oder Symbiont seine Nahrung bezieht.
Wirtschaftliche Schadensschwelle: Schadensgrenze, die gegeben ist, wenn der durch einen Schaderreger zu erwartende Schaden genauso groß ist wie die Kosten, die für seine Abwehr entstanden wären, d. h., ein Schaden wird erst wirtschaftlich spürbar, wenn er größer ist als die Kosten für seine Bekämpfung. Die Ausnutzung der wirtschaftlichen Schadensschwelle ist ein wichtiges Merkmal des Integrierten Pflanzenschutzes.
Wundparasit: Erreger, der nur über eine Wunde eine Pflanze infizieren kann.
Zusatzstoffe: Im Pflanzenschutz als Haft- und Netzmittel den Pflanzenschutzmitteln zugesetzt, um ihre Eigenschaften oder ihre Wirkungsweise zu verändern. Sie dürfen nur in den Verkehr gebracht werden, wenn sie in eine Liste des Bundesamtes für Verbraucherschutz und Lebensmittelsicherheit aufgenommen worden sind.

10 Zentralen des Pflanzenschutzdienstes

Baden-Württemberg
Landwirtschaftliches Technologiezentrum Augustenberg,
bis Februar 2013:
Außenstelle Stuttgart
Reinsburgstraße 107
70197 Stuttgart
Tel.: (07 21) 94 68 450
Fax: (07 21) 94 68 451
E-Mail: *poststelle@ltz.bwl.de*
Internet: *www.ltz-augustenberg.de*

ab März 2013:
Neßlerstraße 23–31
76227 Karlsruhe
Tel.: (07 21) 94 68-450
Fax: (07 21) 94 68-451
E-Mail: *poststelle@ltz.bwl.de*
Internet: *www.ltz-augustenberg.de*

Bayern
Bayerische Landesanstalt für Landwirtschaft
Institut für Pflanzenschutz
Lange Point 10
85354 Freising
Tel.: (0 81 61) 71-56 51
Fax: (0 81 61) 71-57 35
E-Mail: *pflanzenschutz@lfl.bayern.de*
Internet: *www.lfl.bayern.de*

Berlin
Pflanzenschutzamt Berlin
Mohriner Allee 137
12347 Berlin
Tel.: (0 30) 70 00 06-0
Fax: (0 30) 70 00 06-255
E-Mail: *pflanzenschutzamt@senstadt-berlin.de*
Internet: *www.stadtentwicklung.berlin.de/pflanzenschutz*

Brandenburg
Landesamt für Ländliche Entwicklung, Landwirtschaft und Flurneuordnung
Pflanzenschutzdienst
Müllroser Chaussee 54
15236 Frankfurt (Oder)
Tel.: (03 35) 56 02 402
Fax: (03 35) 56 02 404
E-Mail: *poststelle@lelf.brandenburg.de*
Internet: www.lelf.brandenburg.de

Bremen
Lebensmittelüberwachungs-, Tierschutz- und Veterinärdienst
des Landes Bremen (LMTVet);
– Pflanzenschutzdienst –
Lötzener Str. 3
28207 Bremen
Tel.: (04 21) 361-892 04
Fax: (04 21) 361-166 44
E-Mail: *office.pshb@veterinaer.bremen.de*
Internet: *www.lmtvet-bremen.de*

Hamburg
Behörde für Wirtschaft, Verkehr und Innovation
– Pflanzenschutzdienst –
Alter Steinweg 4
20449 Hamburg
Tel.: (0 40) 42 81 65 74
Fax: (0 40) 427 94 10 67
E-Mail: *malgorzata.rybak@bwvi.hamburg.de*
Internet: *www.hamburg.de/pflanzenschutz*

Hessen
Regierungspräsidium Gießen
Pflanzenschutzdienst (Dez. 51.4)
Schanzenfeldstraße 8
35578 Wetzlar
Tel.: (06 41) 303-0
Fax: (06 41) 303-51 04
E-Mail: *psd-wetzlar@rpgi.hessen.de*
Internet: *www.pflanzenschutzdienst.rp-giessen.de*

Mecklenburg-Vorpommern
Landesamt für Landwirtschaft, Lebensmittelsicherheit und Fischerei, MV,
Pflanzenschutzdienst
Graf-Lippe-Straße 1
18059 Rostock
Tel.: (03 81) 40 35-0
Fax: (03 81) 49 22 665
E-Mail: *pflanzenschutzdienst@lallf.mvnet.de*
Internet: *www.lallf.de*

Niedersachsen

Landwirtschaftskammer Niedersachsen
Pflanzenschutzamt
Wunstorfer Landstraße 9
30453 Hannover
Tel.: (05 11) 40 05-0
Fax: (05 11) 40 05-21 20
E-Mail: *pflanzenschutzamt@lwk-niedersachsen.de*
Internet: *www.lwk-niedersachsen.de*

Landwirtschaftskammer Niedersachsen
Pflanzenschutzamt (STO OL)
Sedanstraße 4
26121 Oldenburg
Tel.: (04 41) 801-721
Fax: (04 41) 801-777
E-Mail: *pflanzenschutzamt@lwk-niedersachsen.de*
Internet: *www.lwk-niedersachsen.de*

Nordrhein-Westfalen

Landwirtschaftskammer NRW – Pflanzenschutzdienst
Siebengebirgsstraße 200
53229 Bonn – Roleber
Tel.: (02 28) 703-0
Fax: (02 28) 703-21 02
E-Mail: *pflanzenschutzdienst@lwk.nrw.de*
Internet: *www.pflanzenschutzdienst.de*

Rheinland-Pfalz

Dienstleistungszentrum ländlicher Raum (Landwirtschaft)
Rheinhessen-Nahe-Hunsrück
Rüdesheimer Straße 60–68
55545 Bad Kreuznach
Tel.: (06 71) 820-0
Fax: (06 71) 820-600
E-Mail: *dlr-rnh@dlr.rlp.de*
Internet: *www.dlr-rnh.rlp.de*

Dienstleistungszentrum ländlicher Raum (Gartenbau, Weinbau)
Rheinpfalz
Breitenweg 71
67435 Neustadt/Weinstraße
Tel.: (0 63 21) 671-0
Fax: (0 63 21) 671-222
E-Mail: *dlr-rheinpfalz@dlr.rlp.de*
Internet: *www.dlr-rheinpfalz.rlp.de*

Saarland
Landwirtschaftskammer für das Saarland – Pflanzenschutzdienst
Dillinger Straße 67
66822 Lebach
Tel.: (0 68 81) 928-109
Fax: (0 68 81) 928-100
E-Mail: *karen.falch@lwk-saarland.de*
Internet: *www.lwk-saarland.de*

Sachsen
Sächsisches Landesamt für Umwelt, Landwirtschaft und Geologie
– Ref. 74 Pflanzenschutz –
Waldheimer Straße 219
01683 Nossen
Tel.: (03 52 42) 631 0
Fax: (03 52 42) 631 74 99
E-Mail: *abt7.lfulg@smul.sachsen.de*
Internet: *www.landwirtschaft.sachsen.de/lfulg*

Sachsen-Anhalt
Landesanstalt für Landwirtschaft, Forsten und Gartenbau
Dezernat Pflanzenschutz
Strenzfelder Allee 22
06406 Bernburg
Tel.: (0 34 71) 334 0
Fax: (0 34 71) 334 105
E-Mail: *pflanzenschutz@llfg.mlu.sachsen-anhalt.de*
Internet: *www.llfg.sachsen-anhalt.de*

Schleswig-Holstein
Landwirtschaftskammer Schleswig-Holstein
– Abt. Pflanzenschutz –
Grüner Kamp 15-17
24768 Rendsburg
Tel.: (0 43 31) 94 53-314
Fax: (0 43 31) 94 53-389
E-Mail: *psd-rendsburg@lksh.de*
Internet: *www.lksh.de*

Thüringen
Thüringer Landesanstalt für Landwirtschaft
Referat 410 Pflanzenschutz
Kühnhäuser Straße 101
99090 Erfurt-Kühnhausen
Tel.: (03 61) 550 68-0
Fax: (03 61) 550 68-140
E-Mail: *postmaster@kuehnhausen.tll.de*
Internet: *www.tll.de*

11 Verzeichnis der Giftinformationszentren in Deutschland

Zentren mit durchgehendem 24-Stunden-Dienst

Berlin
Giftnotruf Berlin
Institut für Toxikologie
Oranienburger Straße 285
13437 Berlin
Tel.: (0 30) 192 40 (Tag und Nacht)
E-Mail: *mail@giftnotruf.de*
Internet: *www.giftnotruf.de*

Bonn
Informationszentrale gegen Vergiftungen
Zentrum für Kinderheilkunde Universitätsklinikum Bonn
Adenauerallee 119
53113 Bonn
Tel.: (02 28) 192 40 (Tag und Nacht)
E-Mail: *gizbn@ukb.uni-bonn.de*
Internet: *www.giftzentrale-bonn.de*

Erfurt
Gemeinsames Giftinformationszentrum der Länder Mecklenburg-Vorpommern, Sachsen, Sachsen-Anhalt und Thüringen
Nordhäuser Straße 74
99089 Erfurt
Tel.: (03 61) 730 73-0 (Tag und Nacht)
E-Mail: *ggiz-erfurt@web.de*
Internet: *www.ggiz-erfurt.de*

Freiburg
Vergiftungs-Informations-Zentrale
Mathildenstraße 1
79106 Freiburg
Tel.: (07 61) 192 40 (Tag und Nacht)
E-Mail: *giftinfo@uniklinik-freiburg.de*
Internet: *www.giftberatung.de*

Göttingen
Giftinformationszentrum-Nord der Länder Bremen, Hamburg,
Niedersachsen und Schleswig-Holstein (GIZ Nord)
Georg-August-Universität Göttingen
Robert-Koch-Straße 40
37075 Göttingen
Tel.: (05 51) 192 40 (Tag und Nacht)
E-Mail: *giznord@giz-nord.de*
Internet: *www.giz-nord.de*

Homburg
Universitätsklinikum des Saarlandes
Informations- und Behandlungszentrum für Vergiftungsfälle
Kirrberger Straße 8
Gebäude 9
66421 Homburg/Saar
Tel.: (0 68 41) 192 40 (Tag und Nacht)
E-Mail: *giftberatung@uniklinikum-saarland.de*
Internet: *www.uniklinikum-saarland.de/giftzentrale*

Mainz
Giftinformationszentrum der Länder Rheinland-Pfalz und Hessen
Klinische Toxikologie
Universitätsklinikum
Langenbeckstraße 1
55131 Mainz
Tel.: (0 61 31) 192 40 (Tag und Nacht)
E-Mail: mail*@giftinfo.uni-mainz.de*
Internet: *www.giftinfo.uni-mainz.de*

München
Toxikologische Abteilung der II. Medizinischen Klinik rechts der Isar
der Technischen Universität München
Ismaninger Straße 22
81675 München
Tel.: (0 89) 192 40
E-Mail: *tox@lrz.tum.de*
Internet: *www.toxinfo.org*

Nürnberg
Giftinformationszentrale
Klinikum Nürnberg-Nord
Prof.-Ernst-Nathan-Straße 1
90419 Nürnberg
Tel.: (09 11) 398-24 51
E-Mail: *giftnotruf@klinikum-nuernberg.de*
Internet: *www.giftinformation.de*

12 Beilage mit Fragenkatalog

Im beiliegenden „multiple choice“-Test haben Sie anhand der Fragen die Möglichkeit, Ihren Lernerfolg zu überprüfen und sich für Prüfungen vorzubereiten. Lesen Sie die Fragen genau durch. Von den angeführten Antworten können jeweils mehrere richtig sein. Kreuzen Sie diese an. Alle Fragen lassen sich durch das aufmerksame Lesen dieses Buches beantworten.
Die Lösungen finden Sie im anhängenden Lösungsschlüssel.

Fragen Nr.	Thema
101–115	Sachkundig im Pflanzenschutz
201–247	Schadursachen bei Pflanzen und Pflanzenerzeugnissen
301–339	Pflanzenschutzrecht
401–430	Zulassung, Genehmigung und Kennzeichnung von Pflanzenschutzmitteln
501–567	Eigenschaften, Wirkungen und Anwendungsverfahren von Pflanzenschutzmitteln
601–638	Integrierter Pflanzenschutz
701–719	Anwenderschutz
801–817	Verbraucherschutz
901–954	Schutz des Naturhaushalts
1001–1082	Sachgerechter Geräteeinsatz

13 Lösungsschlüssel

Sachkundig im Pflanzenschutz
Nr. 101 = b
Nr. 102 = c
Nr. 103 = a
Nr. 104 = a
Nr. 105 = c
Nr. 106 = a
Nr. 107 = a, b, c
Nr. 108 = a, b
Nr. 109 = a, b, c
Nr. 110 = a, b
Nr. 111 = a, c, d
Nr. 112 = a, c
Nr. 113 = b, c
Nr. 114 = b
Nr. 115 = c

Schadursachen bei Pflanzen und Pflanzenerzeugnissen
Nr. 201 = b
Nr. 202 = b
Nr. 203 = a, b, d
Nr. 204 = a
Nr. 205 = a, b
Nr. 206 = a
Nr. 207 = c
Nr. 208 = b
Nr. 209 = b
Nr. 210 = b
Nr. 211 = c
Nr. 212 = c
Nr. 213 = b
Nr. 214 = c
Nr. 215 = c
Nr. 216 = b
Nr. 217 = a
Nr. 218 = c
Nr. 219 = a
Nr. 220 = c
Nr. 221 = a
Nr. 222 = a
Nr. 223 = a
Nr. 224 = a
Nr. 225 = b
Nr. 226 = b
Nr. 227 = b
Nr. 228 = b
Nr. 229 = b
Nr. 230 = c
Nr. 231 = c
Nr. 232 = b
Nr. 233 = a
Nr. 234 = a
Nr. 235 = b
Nr. 236 = c
Nr. 237 = b
Nr. 238 = a
Nr. 239 = b
Nr. 240 = b
Nr. 241 = a
Nr. 242 = b
Nr. 243 = b
Nr. 244 = c
Nr. 245 = b
Nr. 246 = a
Nr. 247 = a

Pflanzenschutzrecht
Nr. 301 = b
Nr. 302 = a
Nr. 303 = b
Nr. 304 = c
Nr. 305 = a
Nr. 306 = b
Nr. 307 = a
Nr. 308 = c
Nr. 309 = a
Nr. 310 = b
Nr. 311 = c
Nr. 312 = a
Nr. 313 = a
Nr. 314 = a
Nr. 315 = a, b
Nr. 316 = b
Nr. 317 = c
Nr. 318 = b
Nr. 319 = a
Nr. 320 = c
Nr. 321 = c
Nr. 322 = a
Nr. 323 = b
Nr. 324 = c
Nr. 325 = b
Nr. 326 = b
Nr. 327 = b
Nr. 328 = a, c
Nr. 329 = a
Nr. 330 = a, b, d
Nr. 331 = b
Nr. 332 = c
Nr. 333 = a, b, c
Nr. 334 = a
Nr. 335 = c
Nr. 336 = b, c
Nr. 337 = c
Nr. 338 = a, c, d
Nr. 339 = a, d

Zulassung, Genehmigung und Kennzeichnung von Pflanzenschutzmitteln
Nr. 401 = c
Nr. 402 = a, c, d
Nr. 403 = a, b, c, d
Nr. 404 = a
Nr. 405 = b
Nr. 406 = b
Nr. 407 = c
Nr. 408 = a
Nr. 409 = a, d
Nr. 410 = b
Nr. 411 = a
Nr. 412 = b
Nr. 413 = b
Nr. 414 = a
Nr. 415 = a
Nr. 416 = a
Nr. 417 = a
Nr. 418 = b
Nr. 419 = b
Nr. 420 = c
Nr. 421 = b
Nr. 422 = b
Nr. 423 = a, b, c, d
Nr. 424 = a
Nr. 425 = c
Nr. 426 = a
Nr. 427 = b
Nr. 428 = b, c
Nr. 429 = b
Nr. 430 = a, b, c

Eigenschaften, Wirkungen und Anwendungsverfahren von Pflanzenschutzmitteln
Nr. 501 = b
Nr. 502 = b
Nr. 503 = b
Nr. 504 = a
Nr. 505 = b
Nr. 506 = b
Nr. 507 = b
Nr. 508 = c
Nr. 509 = b
Nr. 510 = a
Nr. 511 = a
Nr. 512 = a, c, d
Nr. 513 = a, d
Nr. 514 = d
Nr. 515 = c
Nr. 516 = c
Nr. 517 = a, c
Nr. 518 = a
Nr. 519 = a
Nr. 520 = b
Nr. 521 = a
Nr. 522 = a
Nr. 523 = b
Nr. 524 = a
Nr. 525 = b
Nr. 526 = a
Nr. 527 = b
Nr. 528 = a
Nr. 529 = b
Nr. 530 = a
Nr. 531 = a
Nr. 532 = b
Nr. 533 = a
Nr. 534 = b
Nr. 535 = a
Nr. 536 = b
Nr. 537 = a
Nr. 538 = c
Nr. 539 = a
Nr. 540 = a
Nr. 541 = c
Nr. 542 = b
Nr. 543 = c
Nr. 544 = b
Nr. 545 = b
Nr. 546 = c
Nr. 547 = b
Nr. 548 = c
Nr. 549 = b
Nr. 550 = a
Nr. 551 = a
Nr. 552 = a
Nr. 553 = b
Nr. 554 = c
Nr. 555 = a
Nr. 556 = c
Nr. 557 = b
Nr. 558 = b
Nr. 559 = c
Nr. 560 = a
Nr. 561 = b
Nr. 562 = c
Nr. 563 = b

Nr. 564 = c
Nr. 565 = a
Nr. 566 = c
Nr. 567 = c

Integrierter Pflanzenschutz
Nr. 601 = b
Nr. 602 = a, b, c
Nr. 603 = a
Nr. 604 = a
Nr. 605 = b
Nr. 606 = b
Nr. 607 = a
Nr. 608 = b
Nr. 609 = b
Nr. 610 = a
Nr. 611 = b
Nr. 612 = c
Nr. 613 = b
Nr. 614 = c
Nr. 615 = b
Nr. 616 = a
Nr. 617 = b
Nr. 618 = a
Nr. 619 = c
Nr. 620 = b
Nr. 621 = b
Nr. 622 = a
Nr. 623 = b
Nr. 624 = b
Nr. 625 = a
Nr. 626 = a
Nr. 627 = b
Nr. 628 = b
Nr. 629 = a
Nr. 630 = b
Nr. 631 = a
Nr. 632 = b
Nr. 633 = c
Nr. 634 = b
Nr. 635 = a
Nr. 636 = b
Nr. 637 = a, c
Nr. 638 = b, c

Anwenderschutz
Nr. 701 = b
Nr. 702 = a, b
Nr. 703 = b
Nr. 704 = a
Nr. 705 = a
Nr. 706 = b
Nr. 707 = a, b, c
Nr. 708 = a
Nr. 709 = a
Nr. 710 = a
Nr. 711 = b
Nr. 712 = b
Nr. 713 = a
Nr. 714 = a
Nr. 715 = b
Nr. 716 = a, c
Nr. 717 = a, b
Nr. 718 = c
Nr. 719 = a

Verbraucherschutz
Nr. 801 = a
Nr. 802 = b
Nr. 803 = c
Nr. 804 = a
Nr. 805 = c
Nr. 806 = b
Nr. 807 = b
Nr. 808 = a
Nr. 809 = b
Nr. 810 = b
Nr. 811 = b, c
Nr. 812 = a
Nr. 813 = a
Nr. 814 = b
Nr. 815 = b
Nr. 816 = c
Nr. 817 = a

Schutz des Naturhaushalts
Nr. 901 = a
Nr. 902 = a
Nr. 903 = a, b, c
Nr. 904 = a
Nr. 905 = b, c
Nr. 906 = b
Nr. 907 = a
Nr. 908 = b
Nr. 909 = a
Nr. 910 = c
Nr. 911 = b
Nr. 912 = c
Nr. 913 = c
Nr. 914 = a
Nr. 915 = b
Nr. 916 = c
Nr. 917 = b
Nr. 918 = a
Nr. 919 = c
Nr. 920 = c
Nr. 921 = b
Nr. 922 = d
Nr. 923 = c
Nr. 924 = b, c
Nr. 925 = b
Nr. 926 = b
Nr. 927 = b
Nr. 928 = b
Nr. 929 = c
Nr. 930 = b, d
Nr. 931 = b
Nr. 932 = a
Nr. 933 = a
Nr. 934 = a
Nr. 935 = a
Nr. 936 = a
Nr. 937 = b
Nr. 938 = b
Nr. 939 = a, b, d
Nr. 940 = a, b, d
Nr. 941 = a
Nr. 942 = a, b
Nr. 943 = a
Nr. 944 = a
Nr. 945 = a
Nr. 946 = b
Nr. 947 = b
Nr. 948 = b
Nr. 949 = a, b, d
Nr. 950 = a, c, d
Nr. 951 = b
Nr. 952 = a
Nr. 953 = a
Nr. 954 = b

Sachgerechter Geräteeinsatz
Nr. 1001 = b
Nr. 1002 = b
Nr. 1003 = b
Nr. 1004 = a
Nr. 1005 = b
Nr. 1006 = b
Nr. 1007 = b
Nr. 1008 = a
Nr. 1009 = a
Nr. 1010 = b
Nr. 1011 = b
Nr. 1012 = b
Nr. 1013 = c
Nr. 1014 = c
Nr. 1015 = a
Nr. 1016 = b
Nr. 1017 = b, c
Nr. 1018 = c
Nr. 1019 = c
Nr. 1020 = a
Nr. 1021 = c
Nr. 1022 = b
Nr. 1023 = a
Nr. 1024 = b
Nr. 1025 = a
Nr. 1026 = b
Nr. 1027 = a
Nr. 1028 = c
Nr. 1029 = c
Nr. 1030 = b
Nr. 1031 = a
Nr. 1032 = c
Nr. 1033 = b
Nr. 1034 = a
Nr. 1035 = a
Nr. 1036 = a
Nr. 1037 = a
Nr. 1038 = c
Nr. 1039 = c
Nr. 1040 = c
Nr. 1041 = c
Nr. 1042 = a
Nr. 1043 = b
Nr. 1044 = b
Nr. 1045 = b
Nr. 1046 = c
Nr. 1047 = a
Nr. 1048= b
Nr. 1049 = c
Nr. 1050 = c
Nr. 1051 = a
Nr. 1052 = b
Nr. 1053 = b
Nr. 1054 = a
Nr. 1055 = a
Nr. 1056 = b
Nr. 1057 = b
Nr. 1058 = b
Nr. 1059 = c
Nr. 1060 = a
Nr. 1061 = b
Nr. 1062 = c
Nr. 1063 = a
Nr. 1064 = b
Nr. 1065 = c
Nr. 1066 = b
Nr. 1067 = c
Nr. 1068 = b
Nr. 1069 = b
Nr. 1070 = c
Nr. 1071 = a
Nr. 1072 = c
Nr. 1073 = c
Nr. 1074 = a
Nr. 1075 = a
Nr. 1076 = c
Nr. 1077 = c
Nr. 1078 = b
Nr. 1079 = a
Nr. 1080 = c
Nr. 1081 = a
Nr. 1082 = a

14 Stichwortverzeichnis

Bildnachweis:
Umschlagvorderseite: Agrarfoto.com
LFL-Freising: Abb. 11, 13–15, 17, 19–21, 23–25, 27–29, 31
Julius-Kühn-Institut, Braunschweig: Abb. 9
Artur Piestricow: Abb. 1–6, 8, 10, 12, 16

Bibliografische Information der Deutschen Nationalbibliothek
Die Deutsche Nationalbibliothek verzeichnet diese Publikation in der Deutschen Nationalbibliografie; detaillierte bibliografische Daten sind im Internet über http://dnb.d-nb.de abrufbar.

Wollgrasweg 41, 70599 Stuttgart (Hohenheim)
E-Mail: info@ulmer.de
Internet: www.ulmer.de
Lektorat: Werner Baumeister
Umschlagentwurf: Atelier Reichert, Stuttgart
Satz: r&p digitale medien, Echterdingen
Druck und Bindung: DZA Druckerei zu Altenburg GmbH, Altenburg
Printed in Germany

ISBN 978-3-8001-7886-5